"十四五"时期国家重点出版物出版专项规划项目
国家出版基金项目
国家重点研发计划项目
国家自然科学基金项目
国家中医药管理局中医药创新团队及人才支持计划项目
中国中医科学院传承创新工程

药用植物显微图鉴

国家级一流本科课程『药用植物学』参考用书

彭华胜　黄璐琦——主编

ILLUSTRATED MICROSCOPIC IDENTIFICATION OF MEDICINAL PLANTS

海峡出版发行集团
THE STRAITS PUBLISHING & DISTRIBUTING GROUP
福建科学技术出版社

图书在版编目（CIP）数据

药用植物显微图鉴 / 彭华胜，黄璐琦主编 . —福州：
福建科学技术出版社，2022.6
ISBN 978-7-5335-6735-4

Ⅰ . ①药… Ⅱ . ①彭… ②黄… Ⅲ . ①药用植物 – 显微
结构 – 图谱 Ⅳ . ① Q949.95–64

中国版本图书馆 CIP 数据核字（2022）第 079728 号

书　　名	**药用植物显微图鉴**
主　　编	彭华胜　黄璐琦
出版发行	福建科学技术出版社
社　　址	福州市东水路 76 号（邮编 350001）
网　　址	www.fjstp.com
经　　销	福建新华发行（集团）有限责任公司
印　　刷	福州德安彩色印刷有限公司
开　　本	787 毫米 ×1092 毫米　1/8
印　　张	36
字　　数	375 千字
插　　页	4
版　　次	2022 年 6 月第 1 版
印　　次	2022 年 6 月第 1 次印刷
书　　号	ISBN 978-7-5335-6735-4
定　　价	198.00 元

书中如有印装质量问题，可直接向本社调换

编委会

主　编

彭华胜　黄璐琦

副主编

程铭恩　尹旻臻　储姗姗

编著者（按姓氏笔画排序）

王　军　王少君　刘军玲　刘潺潺　金　艳

赵玉姣　查良平　段海燕　韩晓静　谭玲玲

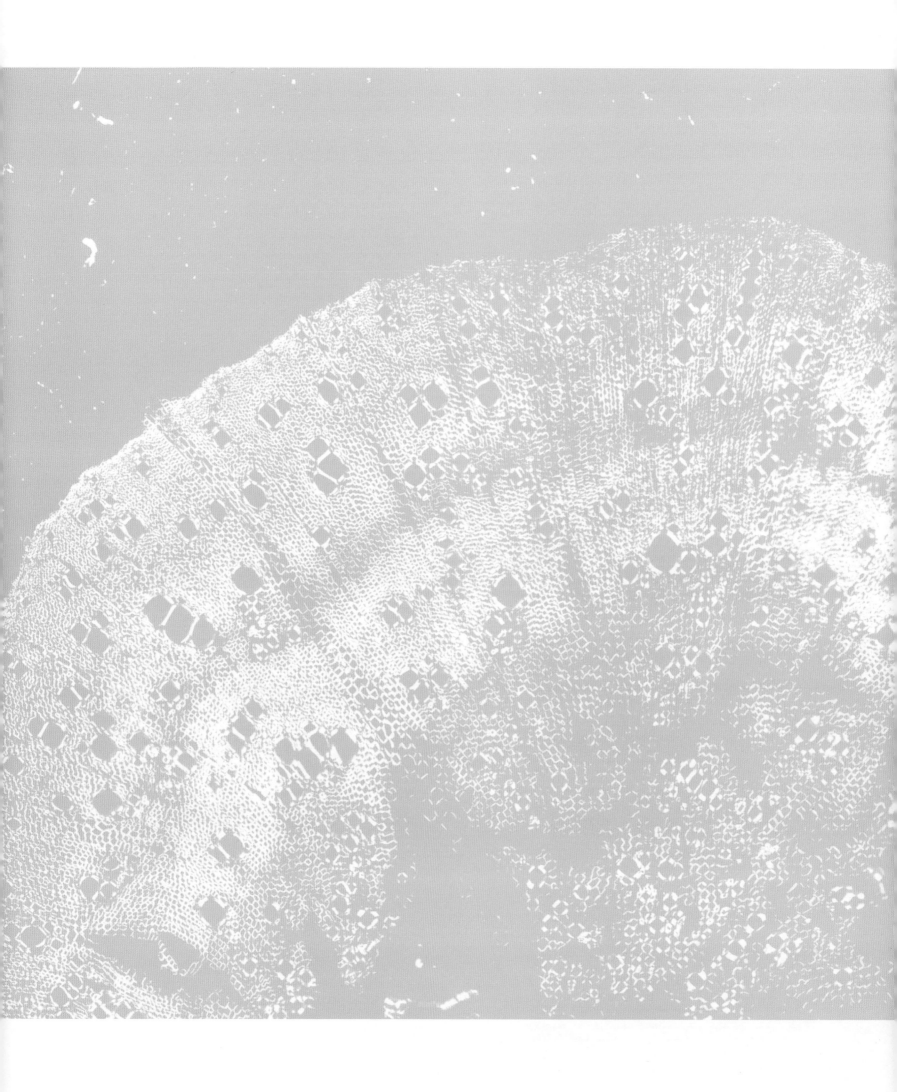

前　言

　　药用植物学是中医药高等院校的一门重要基础课程。根据内容，药用植物学可以分为药用植物形态学、药用植物结构学与药用植物分类学三大模块。其中，药用植物形态学、药用植物分类学，可依托药用植物园、药用植物腊叶标本进行实物教学，肉眼即可观察；药用植物结构学，则常需依托制片、显微镜，或虚拟实验室才能观察。药用植物基本结构研究是中药鉴定学及相关基础课程的重要组成部分，也是上述专业领域科研工作的基础。直观、彩色、真切的药用植物显微图像成为学习药用植物组织结构的重要辅助手段。根据我们多年的教学经验，在传授药用植物组织结构相关内容中，一幅精美的图常常胜过千言万语。近年来，随着植物学、中药学等学科的发展，药用植物显微鉴定在原有基础上融入了新理论、新技术，药用植物结构研究在深度和广度上都有了新进展，但关于药用植物组织结构的图片多见于中药鉴定学的显微图谱，或零星见于药用植物学彩色版教材中，系统展示药用植物显微结构研究成果的彩色图鉴并不多见。

　　围绕药用植物显微结构研究，自2008年以来，我们通过野外调查收集了大量药用植物材料，运用石蜡切片、冰冻切片或徒手切片，拍摄了明场、偏光或荧光等多种观察方式的照片，尤其是为了凸显微观下各组织结构之间的关系，也为了便于对药用植物显微结构的理解，实验过程中，我们尽量选择较大面积的材料进行制片，并利用数码合成技术获得了大视野的显微结构图。为了构建药用植物"器官性状－组织结构－化学成分"之间的内在联系，我们开展了多年生直根类药材的年限鉴别研究，对黄芪、前胡、柴胡、苍术等多种药用植物进行组织化学定位研究。依托多年的药用植物显微研究成果，结合教学、科研实践，我们完成了《药用植物显微图鉴》的编写任务，以期可以促进学术交流，更好地服务科研、教学，启发和培养中医药高等院校学生的实践技能。

　　《药用植物显微图鉴》以药用植物为主体，收录57科160余种药用植物（如芍药、人参、毛茛、百部、鸢尾等），按药用植物发育规律，以细胞、组织、器官的顺序排列，开展纵向的药用植物显微结构理论图解，呈现了药用植物细胞、组织、器官的典型形态、结构，突出显微特征的解析，富有启发性、指导性；同时，注重横向的对比研究，整体构造与局部特征的对比，明场、偏光、荧光的对比，不同生长年限的特征差异对比，同一类常用中药显微特征的对比，全书纵横交织，形成一个全覆盖性的研究思路网。书中立足于药用植物结构学的核心内容，坚持继承与创新相结合，采用以图为主、文字为辅的形式展现，图谱均经精心制作，力求通过图解即可基本掌握药用植物发育过程的典型形态、结构特征，文字仅作必要的特征解析和研究思路的补充，结合章前引言，系统展示了药用植物的显微结构研究成果，创新了药用植物显微基础理论的表达方式，对药用植物学、中药鉴定学及其相关学科的完善、成熟和创新发展具有重要意义。

本书在编写过程中得到了国家自然科学基金（81973432、81773853、81703633、81573543、30901973）、国家重点研发计划项目（2017YFC701600、2017YFC701601）、中央本级重大增减支项目（2060302）、中国中医科学院科技创新工程项目（CI2021A04100、CI2021A04001、CI2021A04004）、国家科技基础资源调查专项（2018FY100800）、国家中医药管理局中医药创新团队及人才支持计划项目（ZYYCXTD-D-202005）、中国医学科学院医学与健康科技创新工程项目（2019-I2M-5-065）等项目成果的支持。

由于学识所限，书中不足之处恐在所难免，请各位师长、各位同仁批评指正！

目　录

77　第三章

药用植物根的构造

135　第四章　　药用植物茎的构造

显微图题目录

CHAPT

细胞是动、植物体的基本构造和功能单位，即生命活动单位。

由于细胞在植物体内所执行的生理功能不同，因而形状多种多样。

细胞形状的多样性，反映了细胞形态与其功能相适应的规律。

植物细胞的基本结构可分为细胞壁、原生质体、后含物。

ER 1

第一章

药用植物的细胞

■ 显微之美：偏光下的药用植物构造

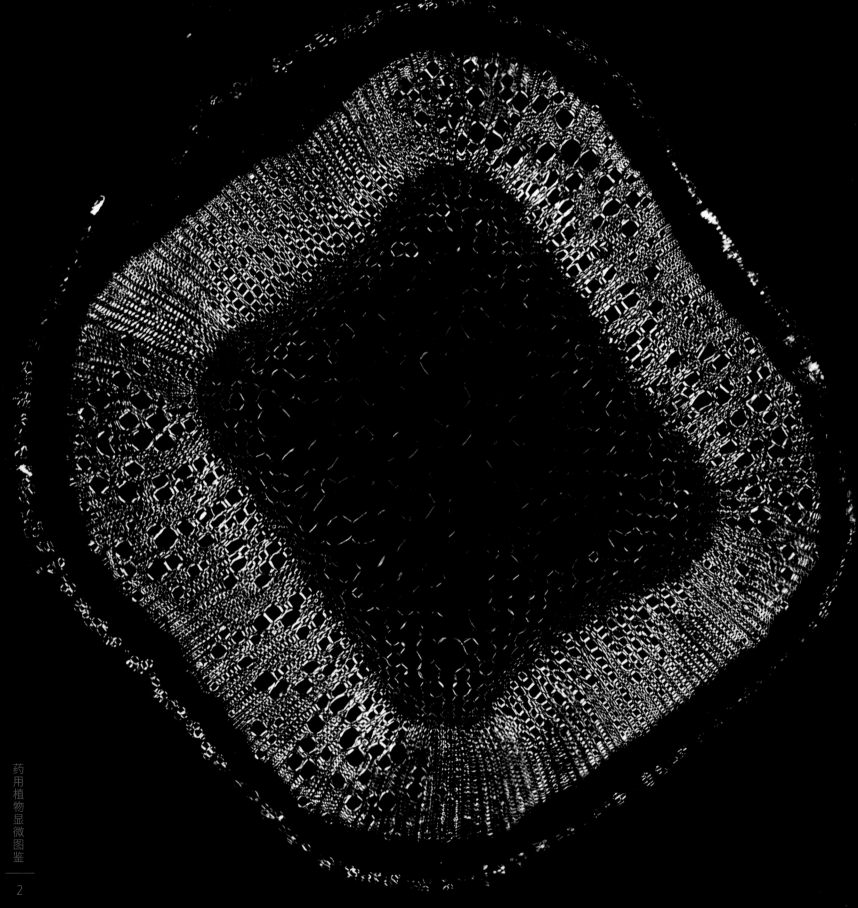

茜草科植物钩藤属 *Uncaria* sp. 茎横切面（偏光）

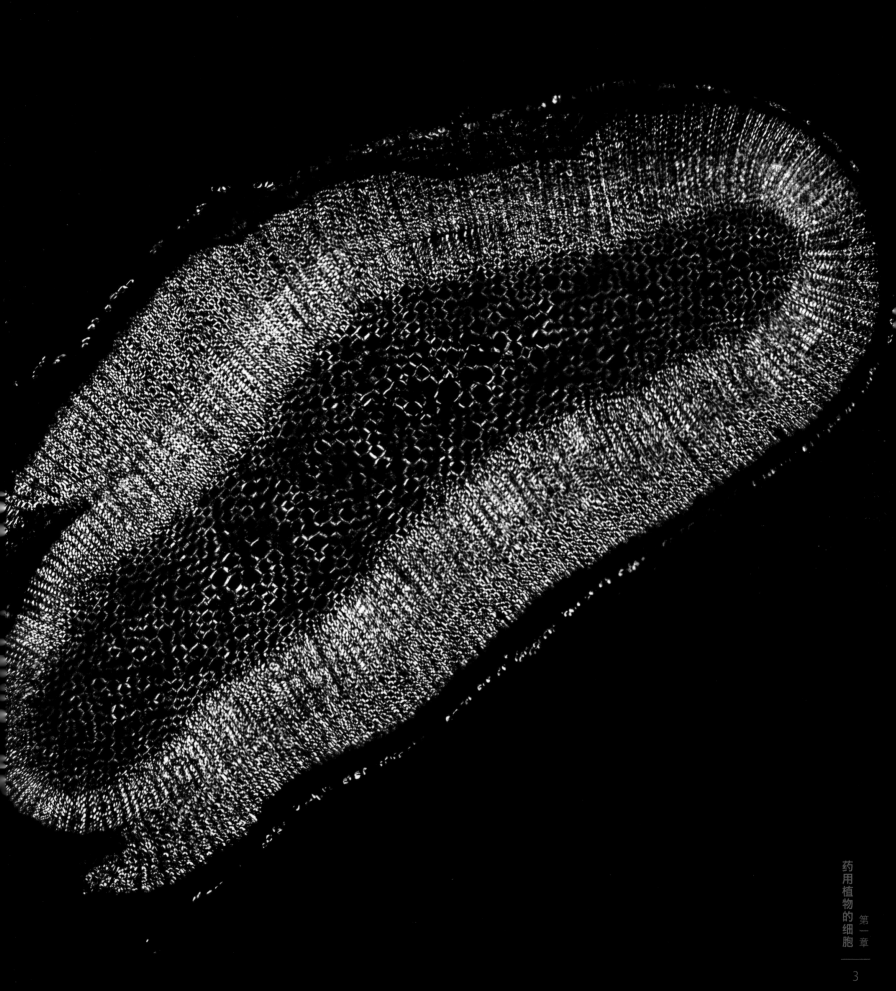

茜草科植物钩藤属 *Uncaria* sp. 钩横切面（偏光）

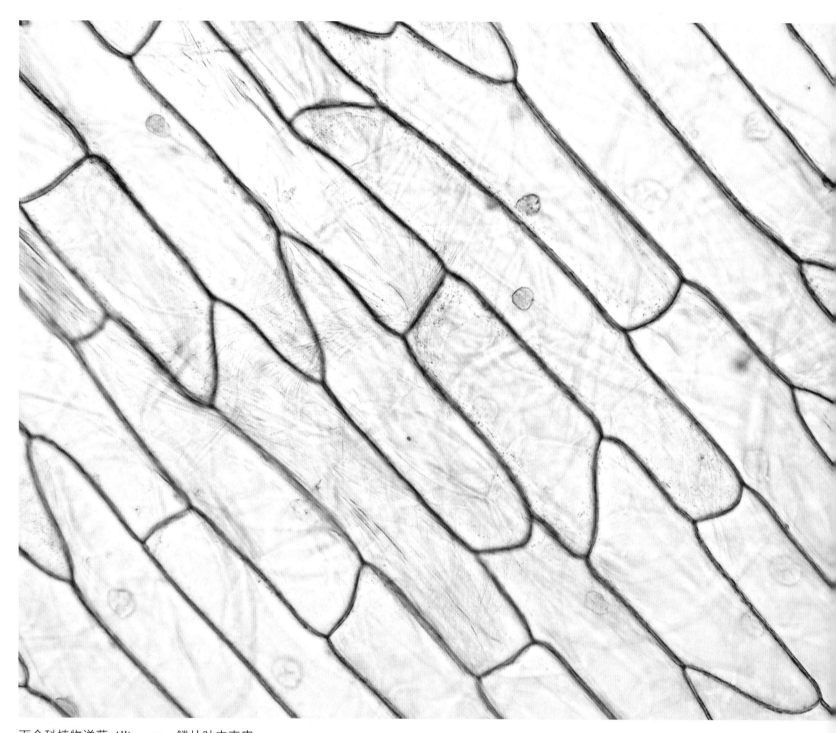

百合科植物洋葱 *Allium cepa* 鳞片叶内表皮

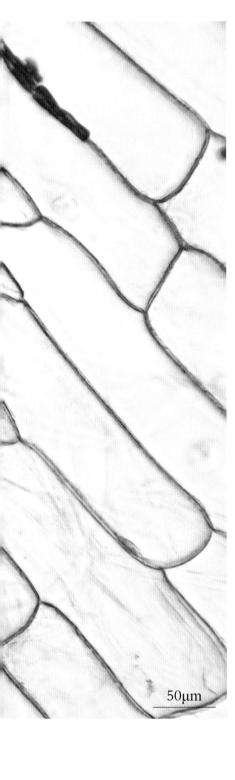

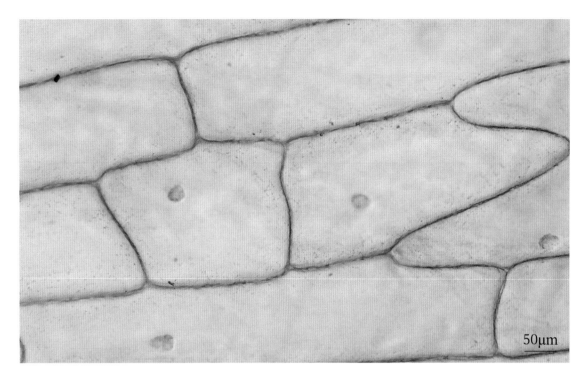

百合科植物洋葱 *Allium cepa* 鳞片叶内表皮

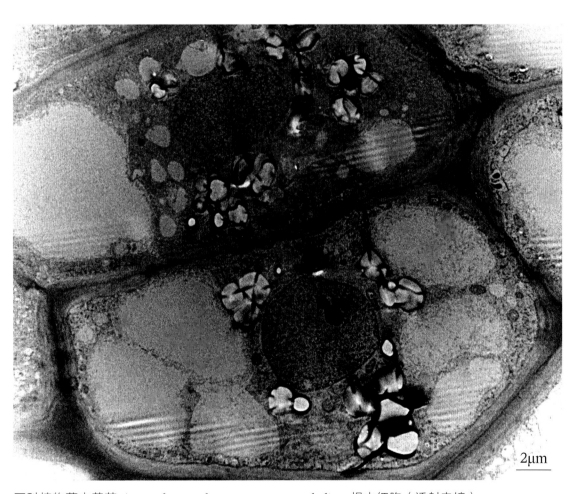

豆科植物蒙古黄芪 *Astragalus membranaceus* var. *mongholicus* 根中细胞（透射电镜）

质 体

质体是植物细胞特有的细胞器。根据色素的有无和色素的种类，可将质体分为叶绿体、有色体和白色体3类。

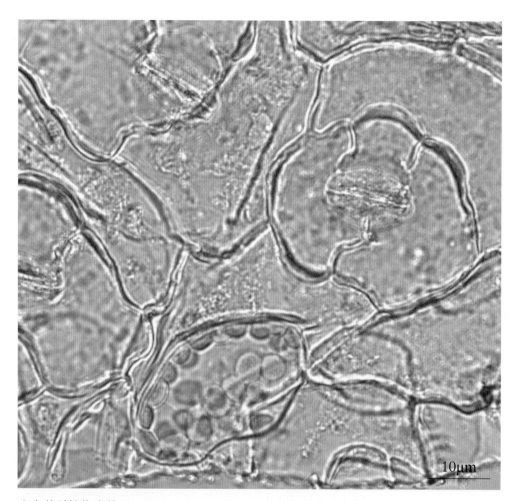

十字花科植物青菜 *Brassica rapa* var. *chinensis* 叶片表皮中叶绿体

一 | 叶绿体

叶绿体是绿色植物进行光合作用的场所。在光学显微镜下，叶绿体呈颗粒状。叶绿体内主要含有叶绿素 a、叶绿素 b。

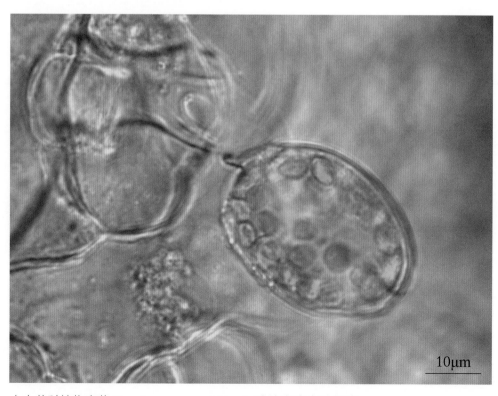

十字花科植物青菜 *Brassica rapa* var. *chinensis* 叶片表皮中叶绿体

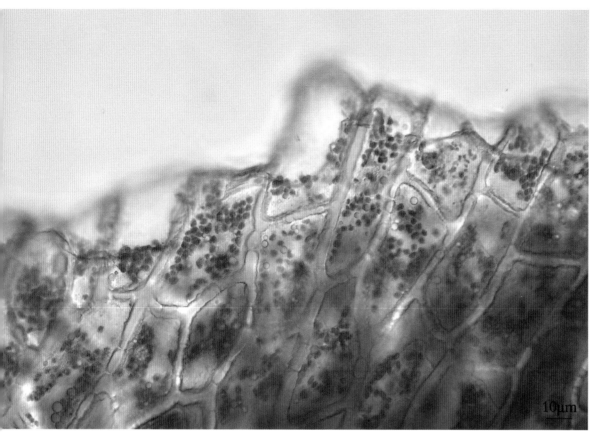

二、 有色体

有色体主要存在于花、果实和根的细胞中，形状多种多样，常呈针形、圆形、杆形、多角形或不规则形，其所含色素主要是胡萝卜素和叶黄素等，使植物呈现黄色、橙红色或橙色。

茄科植物辣椒 *Capsicum annuum* 果皮中有色体

三、 白色体

白色体不含色素，主要分布在不见光的细胞中，有些白色体体积很小，数目较多。

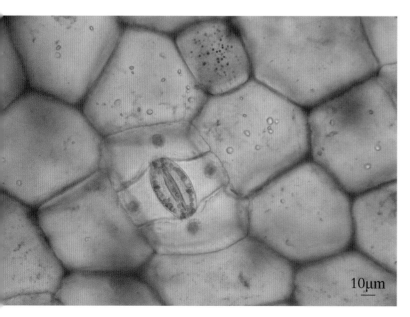 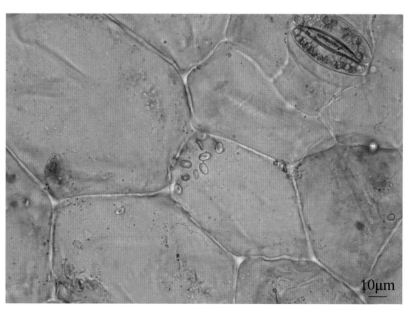

鸭跖草科植物吊竹梅 *Tradescantia zebrina* 叶表皮中白色体　　　鸭跖草科植物吊竹梅 *Tradescantia zebrina* 叶表皮中白色体

后含物

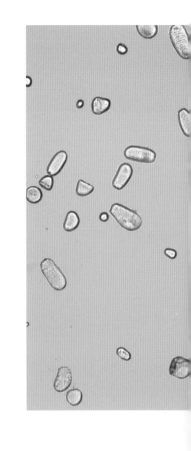

后含物一般是指细胞原生质体在代谢过程中产生的非生命物质。它们有的是贮藏的营养物质，如淀粉、脂肪、蛋白质等；有的是代谢活动所产生的一些副产品，如草酸钙晶体、碳酸钙晶体等。后含物分布于细胞质或液泡内，它们的种类、形态和性质随植物种类不同而存在差异，因此常作为药材鉴定的重要依据。

一、 淀粉

淀粉在植物体内形成具有一定构造的淀粉粒。淀粉粒的形状因植物种类的不同而不同，可根据淀粉粒的形状、大小、单一或复合、脐点的形状与位置等，作为鉴定药材的依据。淀粉粒不溶于水，在热水中膨胀而糊化。遇碘液呈蓝色或蓝紫色。另外，淀粉粒在偏光显微镜下显偏光现象，但已糊化的淀粉粒无偏光现象。

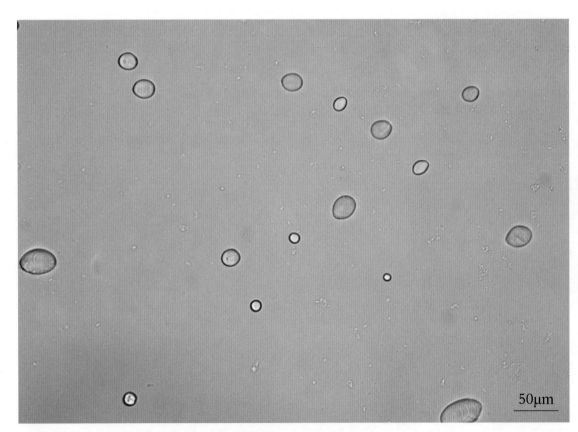

茄科植物马铃薯 *Solanum tuberosum* 块茎中单粒淀粉粒

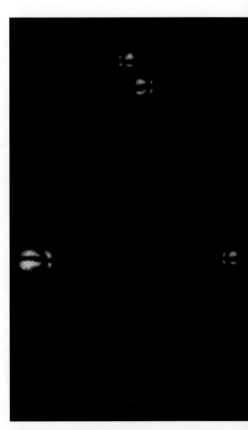

茄科植物马铃薯 *Solanum tuberosum* 块茎中单粒淀粉粒（偏光）

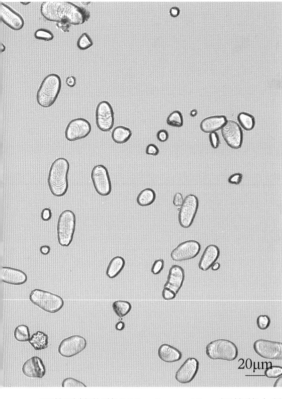

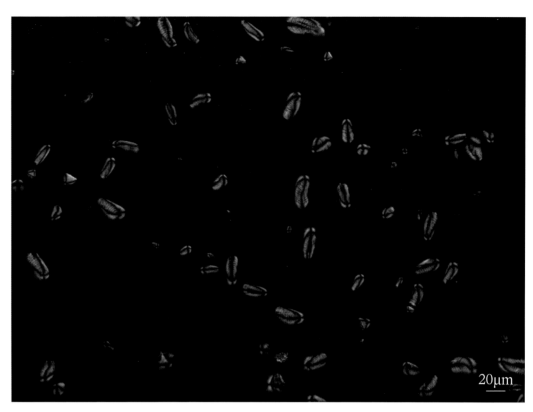

睡莲科植物莲 *Nelumbo nucifera* 根状茎中单
粒淀粉粒

睡莲科植物莲 *Nelumbo nucifera* 根状茎中单粒淀粉粒（偏光）

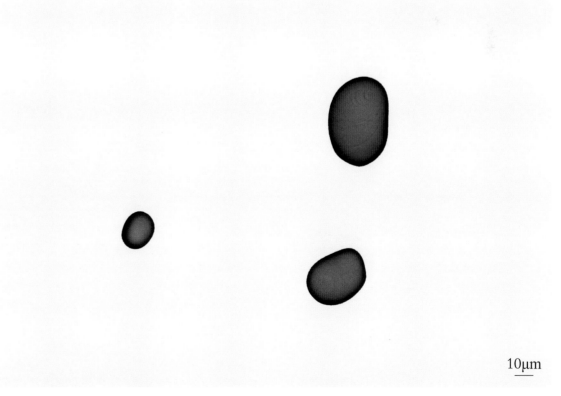

茄科植物马铃薯 *Solanum tuberosum* 块茎中单粒淀粉粒（加碘液）

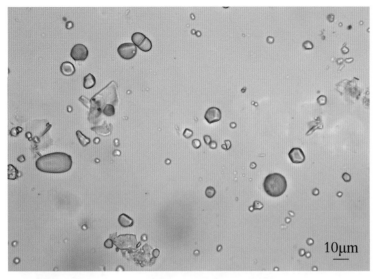

豆科植物葛 *Pueraria montana* 块根中单粒淀粉粒

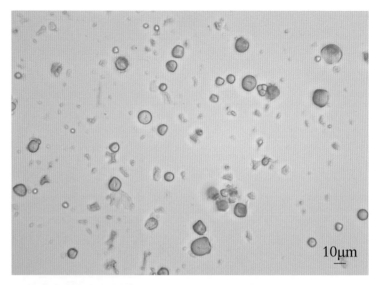

蓼科植物何首乌 *Fallopia multiflora* 块根中单粒淀粉粒

豆科植物葛 *Pueraria montana* 块根中单粒淀粉粒（偏光）

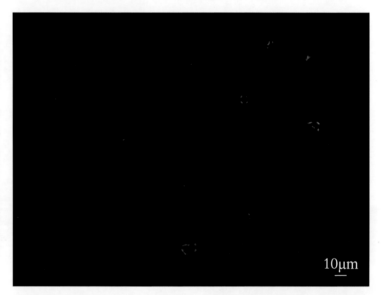

蓼科植物何首乌 *Fallopia multiflora* 块根中单粒淀粉粒（偏光）

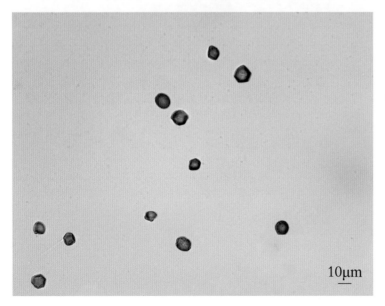

豆科植物葛 *Pueraria montana* 块根中单粒淀粉粒（加碘液）

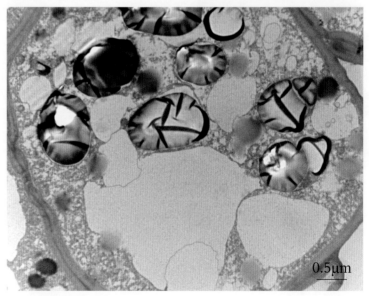

豆科植物蒙古黄芪 *Astragalus membranaceus* var. *mongholicus* 根中单粒淀粉粒（透射电镜）

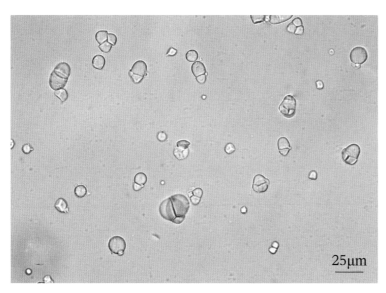

天南星科植物半夏 *Pinellia ternata* 块茎中复粒淀粉粒

天南星科植物半夏 *Pinellia ternata* 块茎中复粒淀粉粒（偏光）

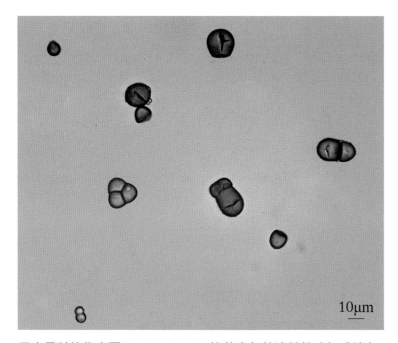

天南星科植物半夏 *Pinellia ternata* 块茎中复粒淀粉粒（加碘液）

天南星科植物半夏 *Pinellia ternata*

二、 | 菊糖

　　菊糖多含在菊科、桔梗科和龙胆科等部分植物的细胞中。菊糖能溶于水，不溶于乙醇。可将含菊糖的材料浸入乙醇中，一周以后做成切片，置显微镜下观察，可在细胞中看见球状、半球状或扇形的菊糖结晶。

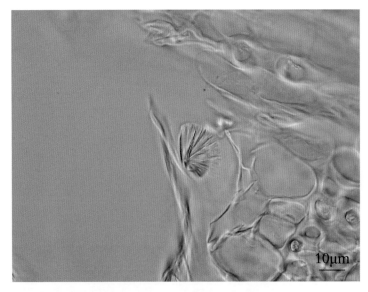

桔梗科植物桔梗 *Platycodon grandiflorus* 根中菊糖

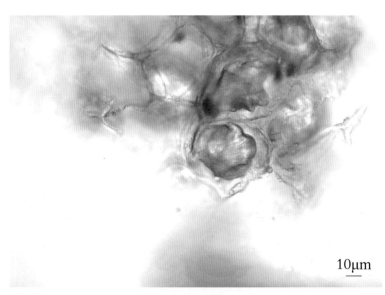

菊科植物苍术 *Atractylodes lancea* 根状茎中菊糖

三、 | 蛋白质

　　贮藏的蛋白质与构成原生质体的活性蛋白质不同，它是非活性、比较稳定的无生命物质。一般以糊粉粒状态存在于细胞的任何部分，如液泡、细胞质、细胞核和质体中，常呈无定形的小颗粒或结晶体。糊粉粒和淀粉粒常在同一细胞中互相混杂。

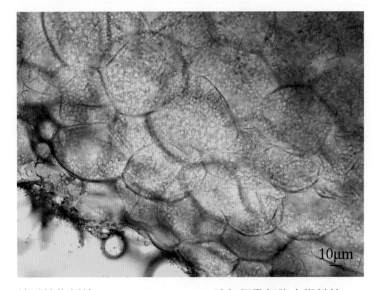

柏科植物侧柏 *Platycladus orientalis* 种仁胚乳细胞中糊粉粒

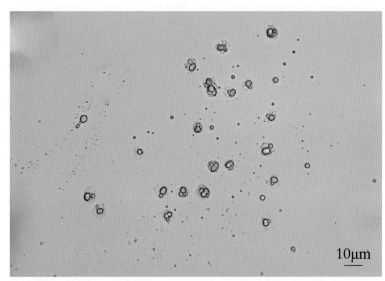

柏科植物侧柏 *Platycladus orientalis* 种仁胚乳细胞中糊粉粒

四、 脂肪和脂肪油

　　脂肪和脂肪油是由脂肪酸和甘油结合而成的脂。常呈小滴状分散在细胞质中，不溶于水，易溶于有机溶剂。加苏丹Ⅲ试液显橘红色、红色或紫红色，加紫草试液显紫红色，加四氧化锇试液显黑色。

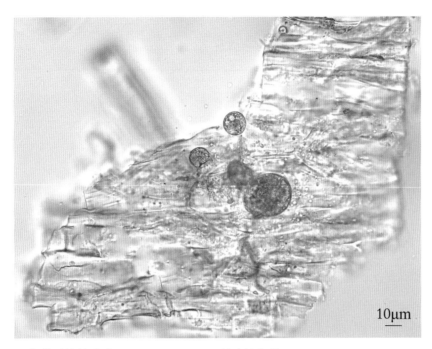

三白草科植物蕺菜 *Houttuynia cordata* 茎中油细胞

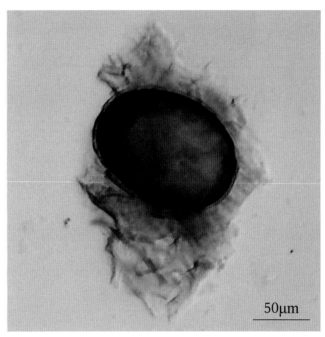

木兰科植物凹叶厚朴 *Magnolia officinalis* subsp. *biloba* 皮中油细胞

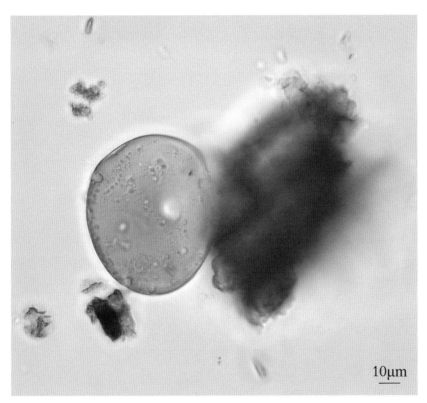

樟科植物肉桂 *Cinnamomum cassia* 枝中油细胞

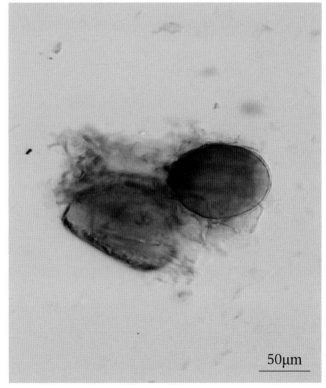

芸香科吴茱萸属 *Evodia* sp. 果实中油细胞

五、 草酸钙晶体

常见的草酸钙晶体有方晶、针晶、簇晶、砂晶、柱晶等不同类型。

（一） 方晶

方晶，有正方形、长方形、斜方形、八面形、三棱形等形状，常为单独存在的单晶体，有时呈双晶。

芸香科植物川黄檗 *Phellodendron chinense* 树皮中方晶

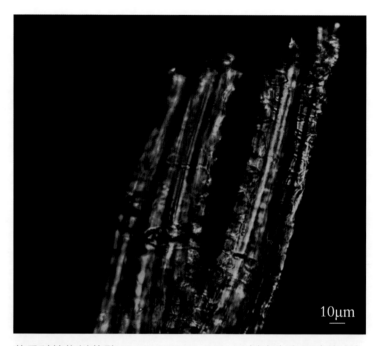

芸香科植物川黄檗 *Phellodendron chinense* 树皮中方晶（偏光）

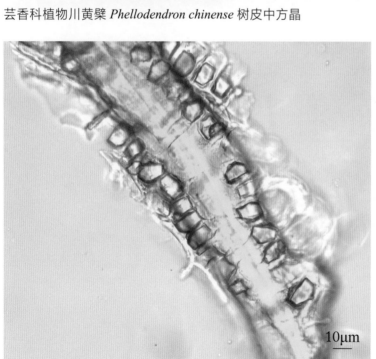

芸香科植物黄檗 *Phellodendron amurense* 树皮中方晶

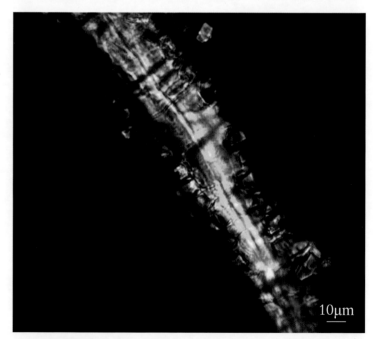

芸香科植物黄檗 *Phellodendron amurense* 树皮中方晶（偏光）

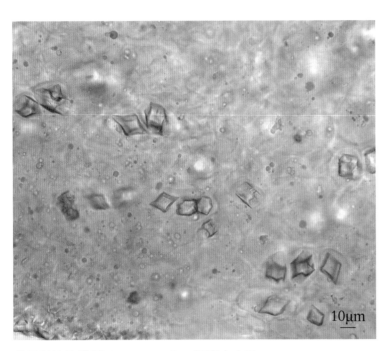

芸香科植物柑橘 *Citrus reticulata* 果皮中方晶

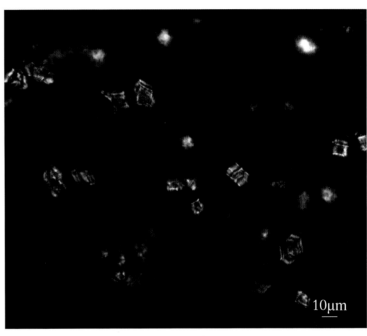

芸香科植物柑橘 *Citrus reticulata* 果皮中方晶（偏光）

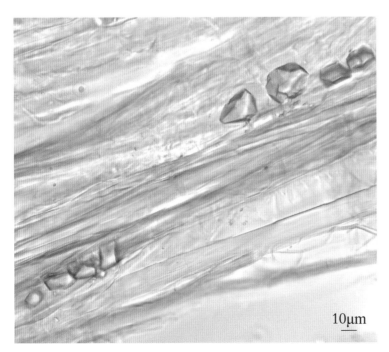

桑科植物桑 *Morus alba* 根皮中方晶

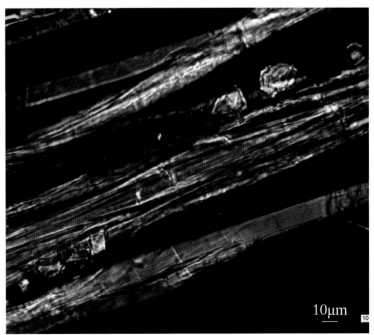

桑科植物桑 *Morus alba* 根皮中方晶（偏光）

(二) 针晶

　　针晶，晶体呈两端尖锐的针状，多成束存在于黏液细胞中，称针晶束。也有的针晶不规则地分散在细胞中，如苍术根状茎。

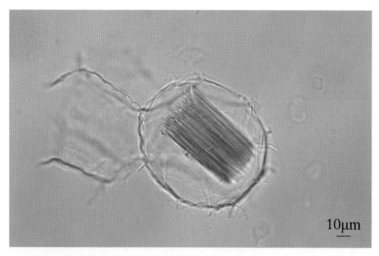

天南星科植物半夏 *Pinellia ternata* 块茎中针晶束

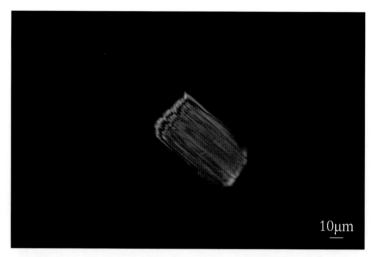

天南星科植物半夏 *Pinellia ternata* 块茎中针晶束（偏光）

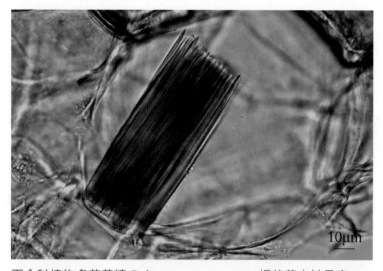

百合科植物多花黄精 *Polygonatum cyrtonema* 根状茎中针晶束

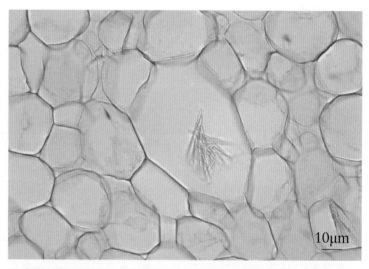

百合科植物知母 *Anemarrhena asphodeloides* 根状茎中针晶束

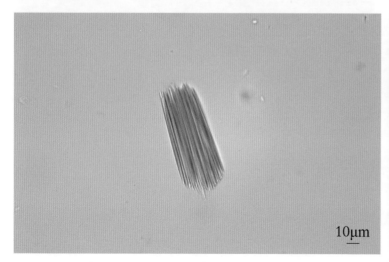

兰科植物铁皮石斛 *Dendrobium officinale* 茎中针晶束

兰科植物铁皮石斛 *Dendrobium officinale* 茎中针晶束（偏光）

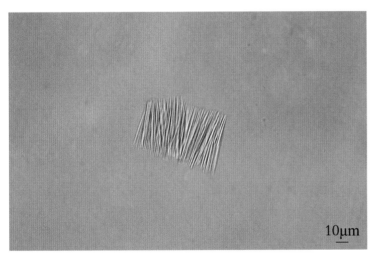

菊科植物苍术 *Atractylodes lancea* 根状茎中针晶束

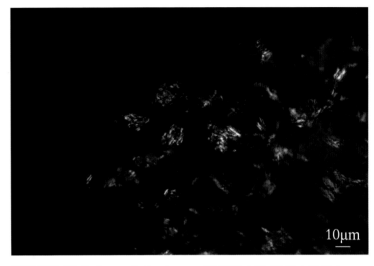

菊科植物苍术 *Atractylodes lancea* 根状茎中针晶束（偏光）

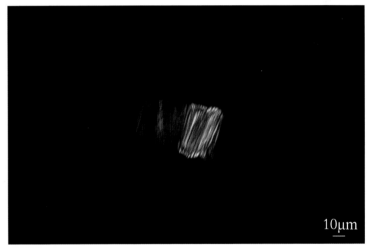

百合科植物麦冬 *Ophiopogon japonicus* 块根中针晶束

百合科植物麦冬 *Ophiopogon japonicus* 块根中针晶束（偏光）

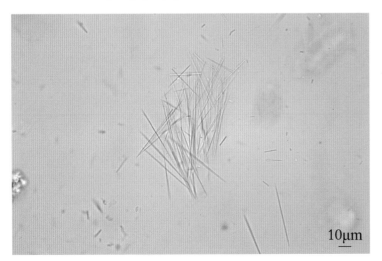

茜草科植物茜草 *Rubia cordifolia* 根中针晶束

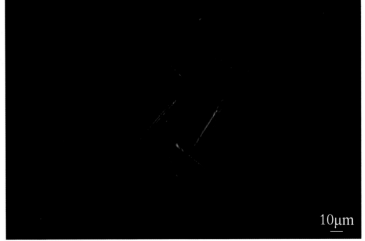

茜草科植物茜草 *Rubia cordifolia* 根中针晶束（偏光）

（三） 簇晶

簇晶，晶体由许多八面体、三棱形单晶体聚集而成，通常呈三角状星形或球形。

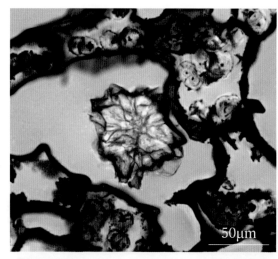

蓼科植物掌叶大黄 *Rheum palmatum* 根状茎中簇晶

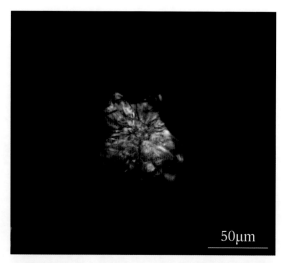

蓼科植物掌叶大黄 *Rheum palmatum* 根状茎中簇晶（偏光）

蓼科植物唐古特大黄 *Rheum tanguticum* 根状茎中簇晶

蓼科植物唐古特大黄 *Rheum tanguticum* 根状茎中簇晶（偏光）

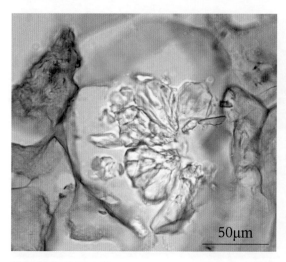

蓼科植物药用大黄 *Rheum officinale* 根状茎中簇晶

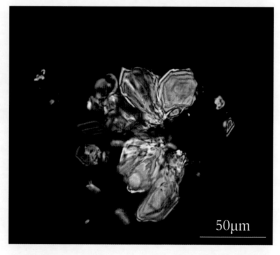

蓼科植物药用大黄 *Rheum officinale* 根状茎中簇晶（偏光）

特征比较

《中华人民共和国药典》（简称《中国药典》）收载蓼科植物掌叶大黄 *Rheum palmatum*、唐古特大黄 *Rheum tanguticum* 及药用大黄 *Rheum officinale* 的干燥根及根状茎作为"大黄"入药。三者的草酸钙簇晶在棱角方面存在差异：掌叶大黄多短钝；唐古特大黄大多宽而较尖，长短参差不齐；药用大黄大多较宽而短尖。

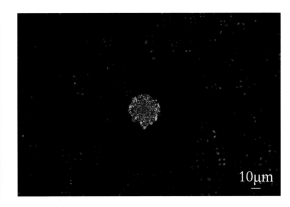

石竹科植物孩儿参 *Pseudostellaria heterophylla* 块根中簇晶

石竹科植物孩儿参 *Pseudostellaria heterophylla* 块根中簇晶（偏光）

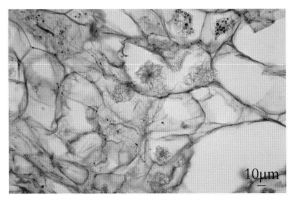
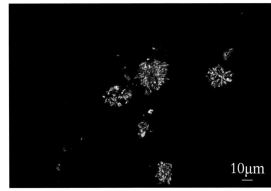

五加科植物西洋参 *Panax quinquefolius* 根中簇晶

五加科植物西洋参 *Panax quinquefolius* 根中簇晶（偏光）

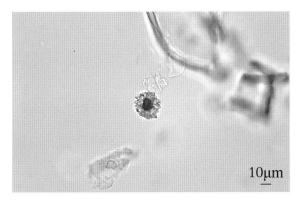
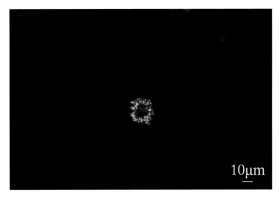

芍药科植物凤丹 *Paeonia ostii* 根皮中簇晶

芍药科植物凤丹 *Paeonia ostii* 根皮中簇晶（偏光）

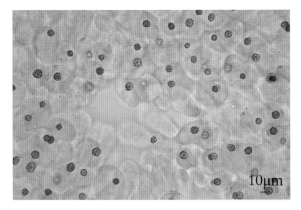
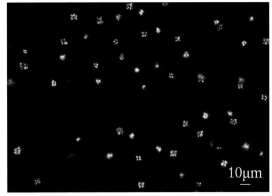

三白草科植物蕺菜 *Houttuynia cordata* 叶中簇晶

三白草科植物蕺菜 *Houttuynia cordata* 叶中簇晶（偏光）

（四） 砂晶

砂晶，晶体呈细小的三角形、箭头状或不规则形状。聚集有砂晶的细胞颜色较暗，易于同其他细胞区分。

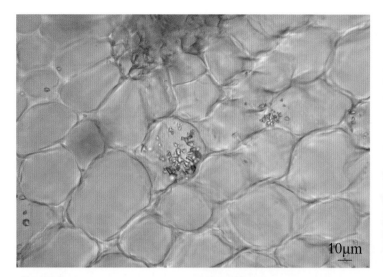

苋科植物牛膝 *Achyranthes bidentata* 根中砂晶

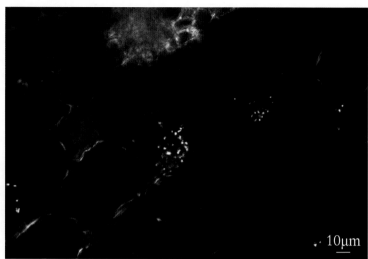

苋科植物牛膝 *Achyranthes bidentata* 根中砂晶（偏光）

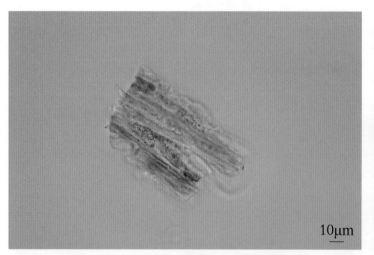

茜草科钩藤属 *Uncaria* sp. 茎中砂晶

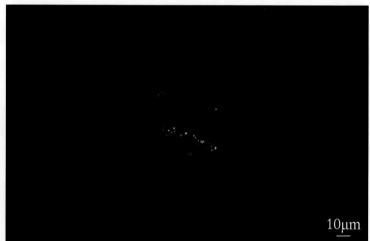

茜草科钩藤属 *Uncaria* sp. 茎中砂晶（偏光）

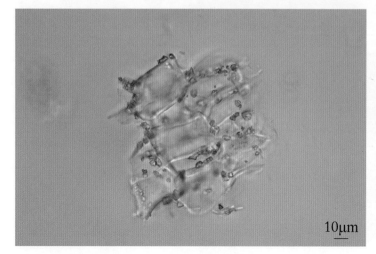

麻黄科植物草麻黄 *Ephedra sinica* 茎中砂晶

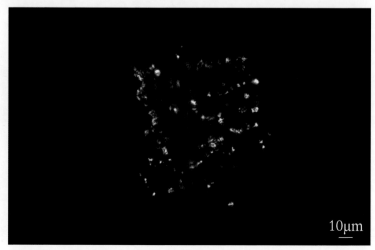

麻黄科植物草麻黄 *Ephedra sinica* 茎中砂晶（偏光）

（五） **柱晶**

柱晶，晶体呈长柱形，长度为直径的 4 倍以上，形如柱状。

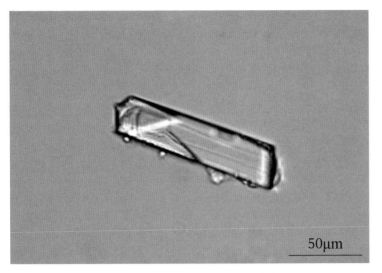 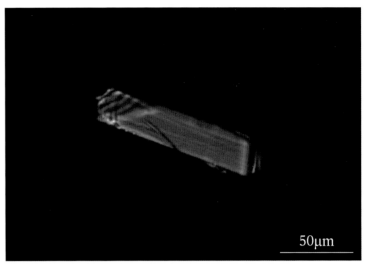

鸢尾科植物射干 *Belamcanda chinensis* 根状茎中柱晶　　　　鸢尾科植物射干 *Belamcanda chinensis* 根状茎中柱晶（偏光）

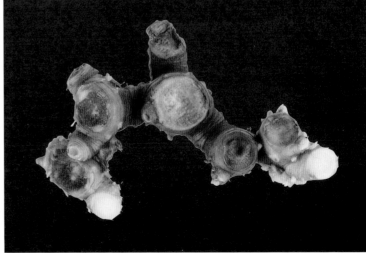

鸢尾科植物射干 *Belamcanda chinensis*

六、 碳酸钙晶体

    碳酸钙晶体多存在于植物叶的表皮细胞中，它是细胞壁的特殊瘤状突起上聚集了大量的碳酸钙或少量的硅酸钙而形成，形如一串悬垂的葡萄，通常呈钟乳体状态存在，又称钟乳体。常存在于桑科、爵床科、荨麻科等植物叶表皮细胞中。

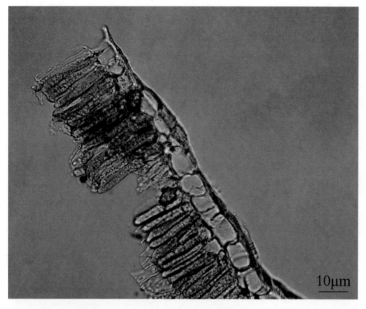

桑科植物无花果 *Ficus carica* 叶中钟乳体

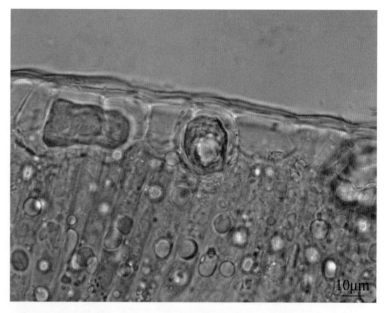

爵床科植物穿心莲 *Andrographis paniculata* 叶中钟乳体

七、 其他结晶

    除草酸钙结晶和碳酸钙结晶以外，有的植物还有其他类型结晶，如菘蓝叶细胞中有靛蓝结晶，薄荷叶细胞中有橙皮苷结晶，槐花细胞中有芸香苷结晶。

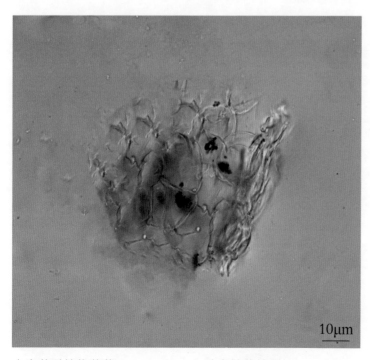

十字花科植物菘蓝 *Isatis indigotica* 叶中靛蓝结晶

十字花科植物菘蓝 *Isatis indigotica* 叶

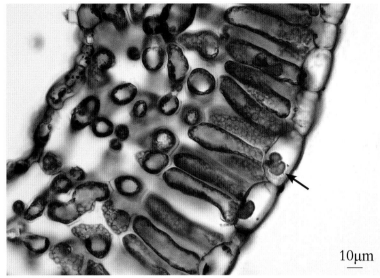

唇形科植物薄荷 *Mentha canadensis* 叶中橙皮苷结晶

唇形科植物薄荷 *Mentha canadensis*

唇形科植物薄荷 *Mentha canadensis* 叶中橙皮苷结晶（偏光）

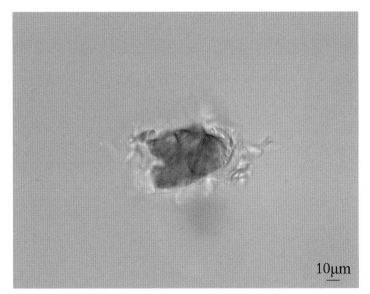

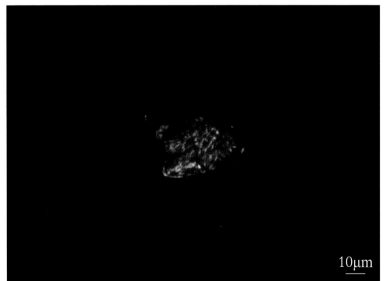

豆科植物槐 *Sophora japonica* 花中芸香苷结晶

豆科植物槐 *Sophora japonica* 花中芸香苷结晶（偏光）

细胞壁

细胞壁是植物细胞特有的结构，它与液泡、质体一起构成了植物细胞与动物细胞不同的三大结构特征。

一 | 细胞壁的分层

相邻两细胞所共有的细胞壁可分为胞间层、初生壁和次生壁3层。

二 | 纹孔和胞间连丝

（一） 纹孔

次生壁因不均匀地增厚，在很多地方留有一些没有增厚的部分，这里没有次生壁，只有胞间层和初生壁，这种比较薄的区域称为纹孔。相邻的两个细胞都在相同部位的细胞壁上出现纹孔，称为纹孔对。根据纹孔对的形状和结构又分为3种类型：单纹孔、具缘纹孔和半缘纹孔。

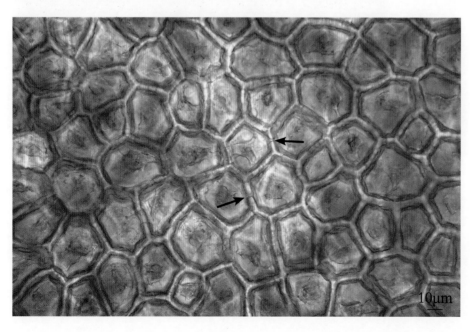

10μm

茄科植物番茄 *Lycopersicon esculentum* 果皮（示单纹孔）

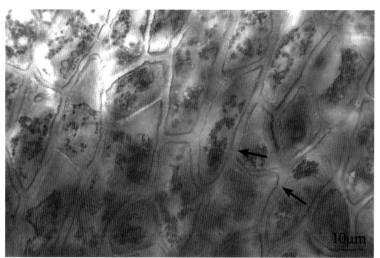

茄科植物辣椒 *Capsicum annuum* 果皮（示单纹孔）

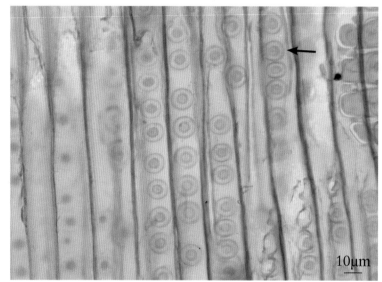

松科松属 *Pinus* sp. 茎纵切面（示具缘纹孔）

茄科植物辣椒 *Capsicum annuum* 果实

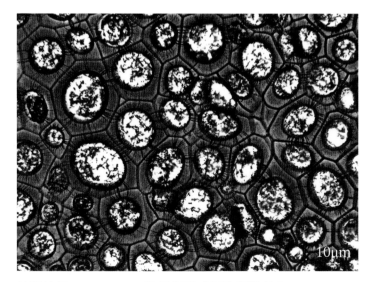

柿科柿属 *Diospyros* sp. 种子胚乳（示胞间连丝）

（三）　胞间连丝

　　许多纤细的原生质丝从纹孔穿过纹孔膜和初生壁上的微细孔隙，连接相邻细胞，这种原生质丝称为胞间连丝。它使植物体的各个细胞彼此连接成一个整体，有利于细胞间物质运输和信息传递。柿、马钱子等植物种子内的胚乳细胞，由于细胞壁厚，胞间连丝较为显著，但需经染色处理，才能在显微镜下看到它的存在。

CHAPT

植物组织是由来源相同、形态结构相似、生理功能相同而又紧密联系的细胞所组成的细胞群。植物体内既有由同一类型细胞构成的简单组织，也有由不同类型细胞构成的复合组织。

E R

2

第二章

药用植物的组织

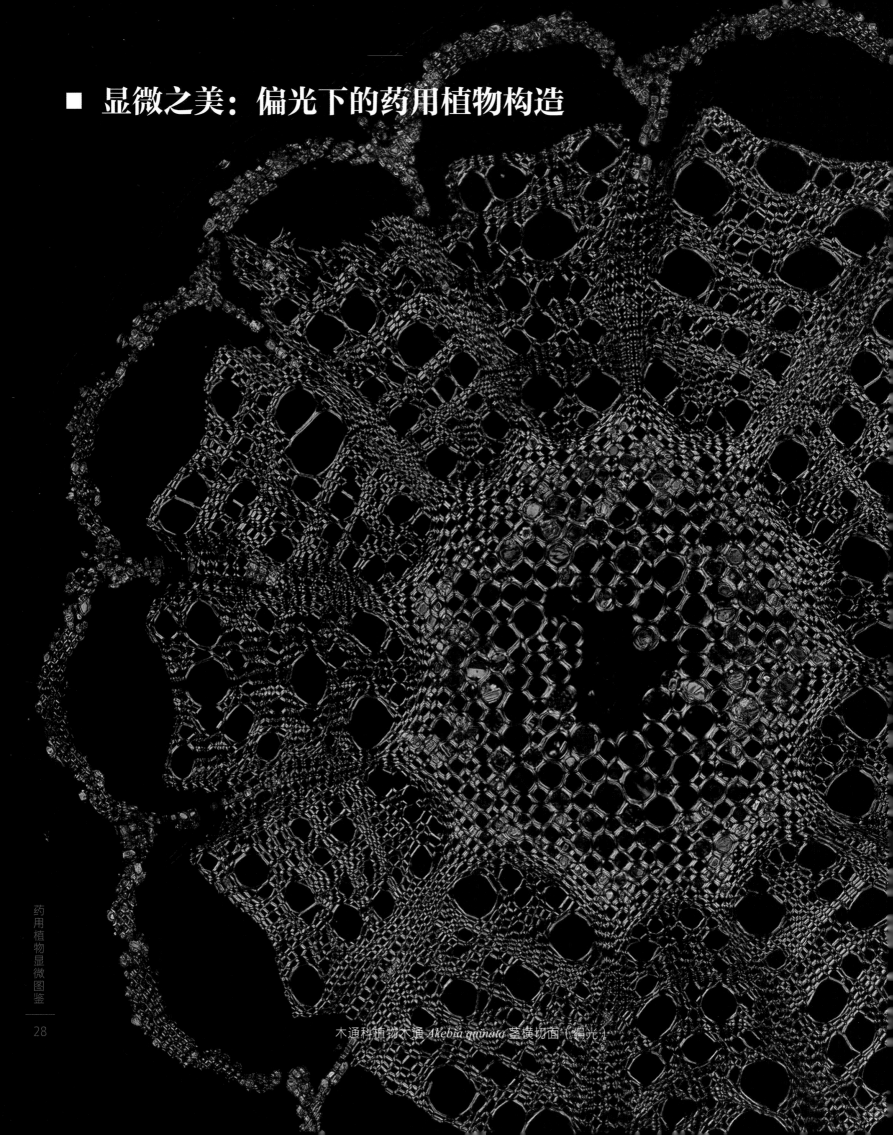

■ 显微之美：偏光下的药用植物构造

木通科植物木通 *Akebia quinata* 茎横切面（偏光）

分生组织

分生组织是一群具有持续分生能力的细胞群。

一、 原分生组织

原分生组织来源于种子的胚，位于根、茎的最先端，是由没有任何分化的、最幼嫩的、始终保持细胞分裂能力的胚性细胞组成。

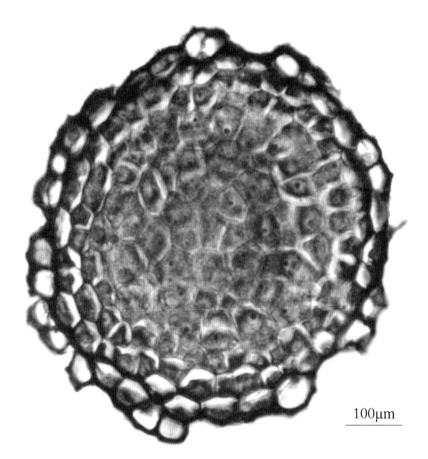

100μm

伞形科植物北柴胡 *Bupleurum chinense* 根尖横切面（示原分生组织）

二、 初生分生组织

初生分生组织是由原分生组织衍生出来的细胞所组成，可以看作是由完全无分化的原分生组织到分化完成的成熟组织之间的过渡形式。它们的特点：一方面细胞已经开始分化，向着成熟的方向发展；另一方面仍具有分裂能力，不过分裂活动没有原分生组织旺盛。

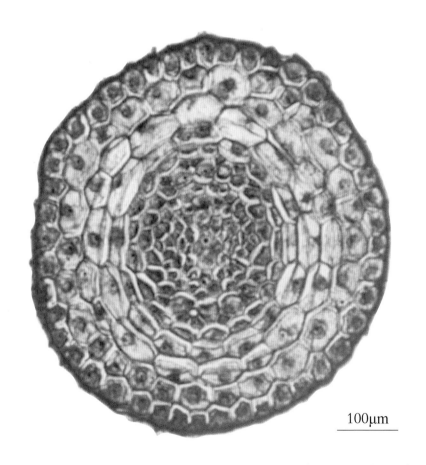

100μm

伞形科植物北柴胡 *Bupleurum chinense* 根尖横切面（示初生分生组织）

三、 次生分生组织

次生分生组织起源于成熟组织，是由已经分化成熟的薄壁组织（如表皮、皮层、髓射线等）经过生理和结构上的变化，重新恢复细胞分裂能力所产生的分生组织。维管形成层和木栓形成层是一种典型的次生分生组织。

伞形科植物北柴胡 *Bupleurum chinense* 根

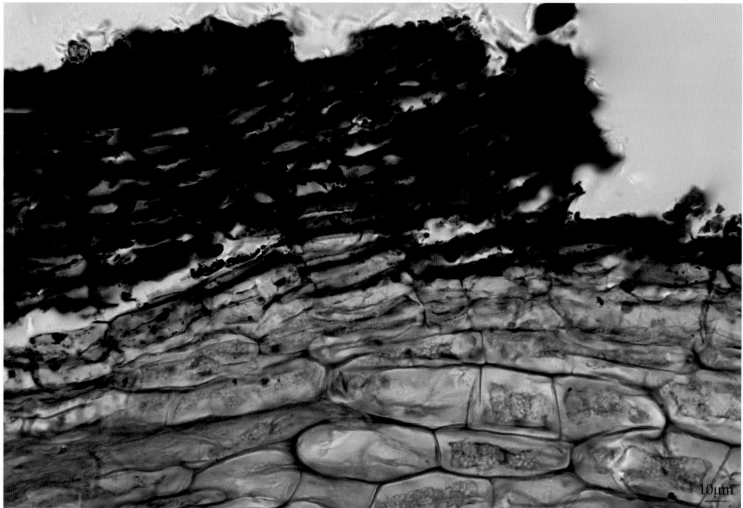

10μm

伞形科植物北柴胡 *Bupleurum chinense* 根横切面（示木栓层）

伞形科植物北柴胡 *Bupleurum chinense*

薄壁组织

薄壁组织液泡较大，细胞常为球形、椭圆形、圆柱形、多面体形、星形等。薄壁组织根据功能不同，分为基本薄壁组织、同化薄壁组织、贮藏薄壁组织、吸收薄壁组织、通气薄壁组织等。

一、 | 基本薄壁组织

基本薄壁组织普遍存在于植物体内各处。细胞通常呈球形、圆柱形、多面体形等。其细胞质较稀薄，液泡较大，细胞排列疏松，富有细胞间隙。

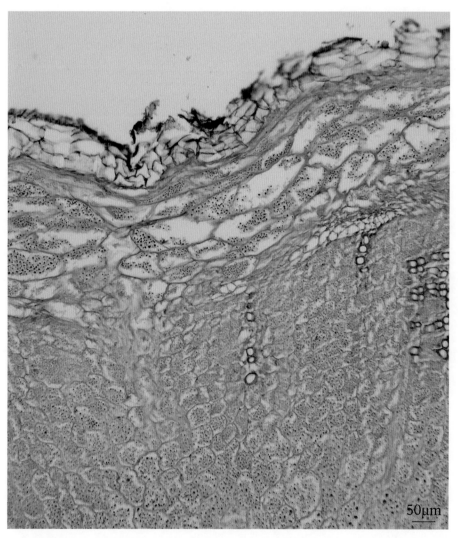

50μm

石竹科植物太子参 *Pseudostellaria heterophylla* 块根横切面（示基本薄壁组织）

毛茛科植物毛茛 *Ranunculus japonicus*

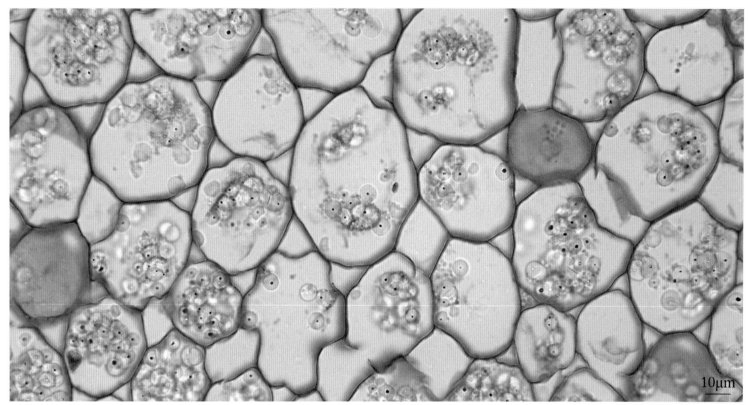

毛茛科植物毛茛 *Ranunculus japonicus* 根皮层中基本薄壁组织

二、 同化薄壁组织

　　同化薄壁组织主要特征为细胞内含有叶绿体，能进行光合作用，制造有机物质。多存在于植物体绿色部位，如叶肉、茎的幼嫩部分、绿色萼片及果实等器官表面易受光照的部分。

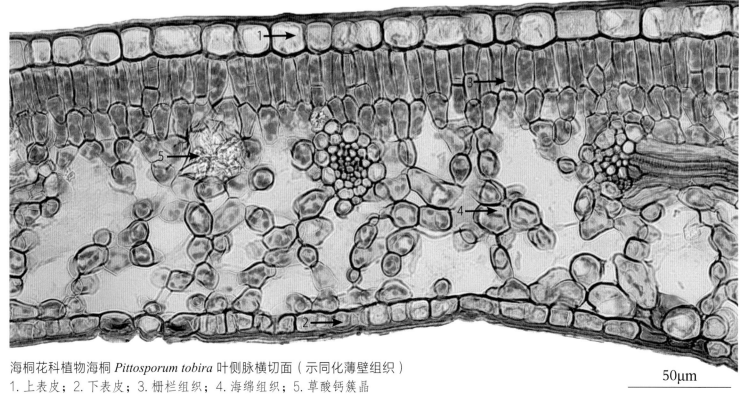

海桐花科植物海桐 *Pittosporum tobira* 叶侧脉横切面（示同化薄壁组织）
1. 上表皮；2. 下表皮；3. 栅栏组织；4. 海绵组织；5. 草酸钙簇晶

50μm

三、 贮藏薄壁组织

贮藏薄壁细胞贮藏的物质种类很多，主要有淀粉、蛋白质、脂肪、糖类等。贮藏的物质可以溶解在细胞液中，或者呈固体或液体状态分散在细胞质内。

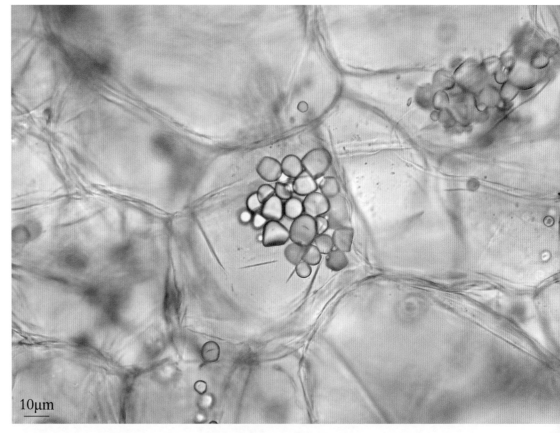

天南星科植物半夏 *Pinellia ternata* 块茎中贮藏淀粉粒的薄壁细胞

有一类贮藏薄壁细胞所贮藏物质不贮存在细胞腔内，而沉积在细胞壁上，如半纤维贮存在柿、椰枣及天门冬属等植物种子的胚乳细胞壁上。

柿科柿属 *Diospyros* sp. 种子胚乳（示细胞壁上贮存的半纤维）

仙人掌科仙人掌属、百合科芦荟属以及景天科等肉质植物的叶片中，有非常发达的贮水薄壁组织，其细胞壁很薄，液泡很大，含有大量的水分。

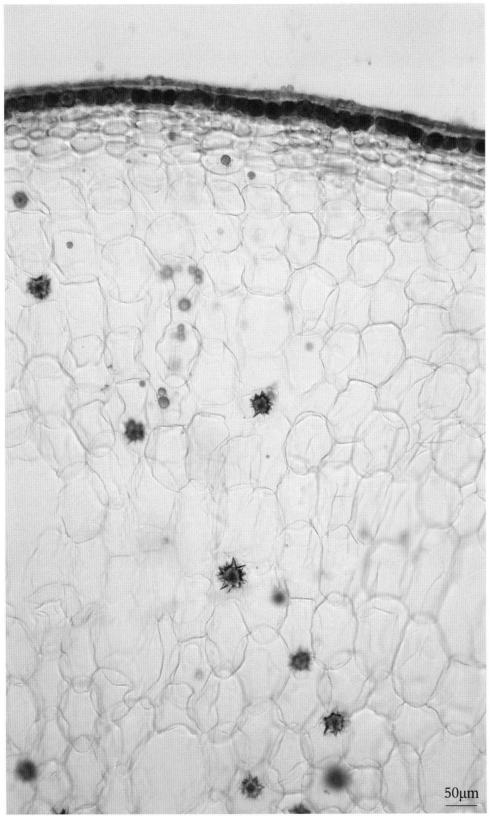

仙人掌科植物仙人掌 *Opuntia dillenii* 茎横切面（示贮水薄壁组织）

仙人掌科植物仙人掌 *Opuntia dillenii*

四、 吸收薄壁组织

吸收薄壁组织主要位于根尖端的根毛区，根尖的部分表皮细胞外壁向外突起，形成根毛，其细胞壁薄，主要生理功能是从外界吸收水分和营养物质，并将吸入的物质运输到输导组织中。

豆科植物蒙古黄芪 *Astragalus membranaceus* var. *mongholicus* 根尖

五、 通气薄壁组织

通气薄壁组织常存在于水生植物和沼泽植物体内，通气薄壁组织中具有相当发达的细胞间隙，这些细胞间隙在发育过程中逐渐相互连接，最后形成四通八达的管道或形成大的气腔。

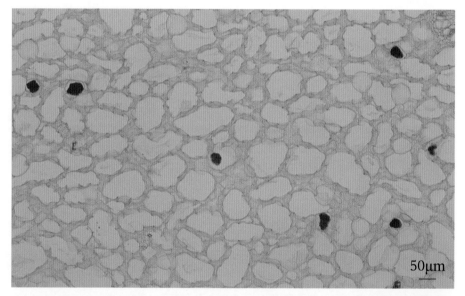

天南星科植物菖蒲 *Acorus calamus* 根状茎横切面（示通气薄壁组织）

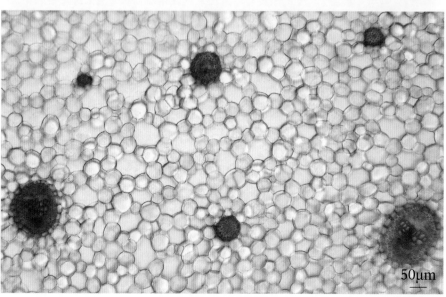

天南星科植物金钱蒲 *Acorus gramineus* 根状茎横切面（示通气薄壁组织）

天南星科植物金钱蒲 *Acorus gramineus*

第三节

保护组织

保护组织包被在植物各个器官的表面，保护着植物的内部组织，控制和进行气体交换，防止水分的过度散失、病虫的侵害以及机械损伤等。根据来源和形态结构的不同，保护组织分为表皮和周皮。

一、表皮

表皮存在于植物叶、花、果实、种子及没有进行次生生长的根、茎等器官的表面。表皮细胞常为扁平状的方形、长方形、长柱形、多角形或不规则形，排列紧密，无细胞间隙，有的侧壁呈波齿或不规则形状，细胞相互嵌合。气孔常位于下表皮。

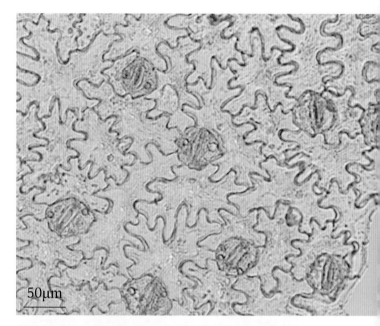

茜草科植物东南茜草 *Rubia argyi* 叶片下表皮细胞及气孔器

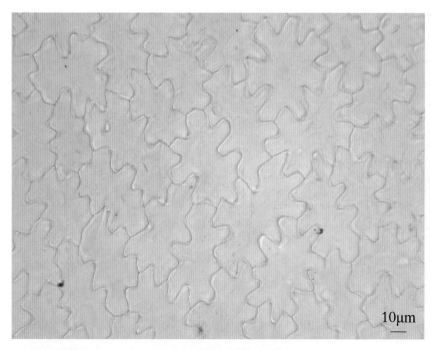

菊科植物苍术 *Atractylodes lancea* 叶片上表皮细胞

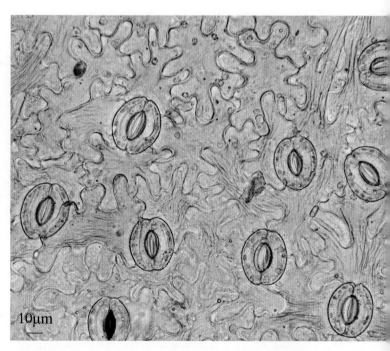

菊科植物苍术 *Atractylodes lancea* 叶片下表皮细胞及气孔器

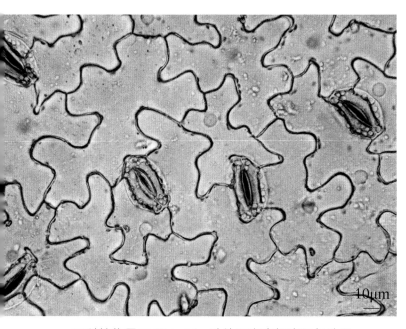

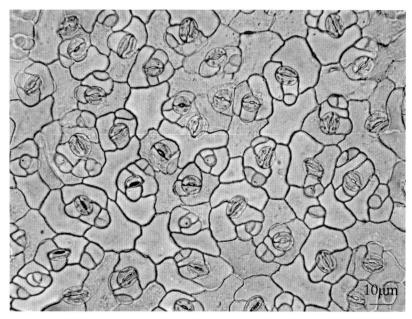

豆科植物蚕豆 *Vicia faba* 叶片下表皮细胞及气孔器

十字花科植物白菜 *Brassica rapa* var. *glabra* 叶片下表皮细胞及气孔器

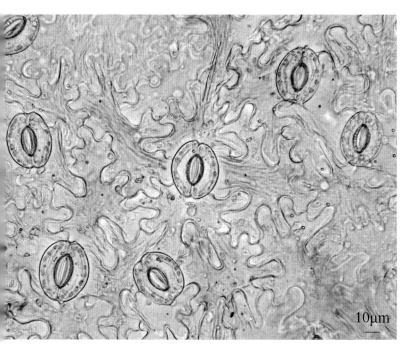

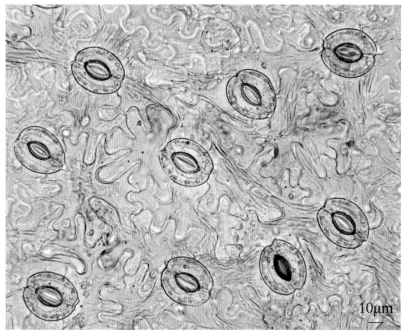

菊科植物苍术 *Atractylodes lancea* 叶片下表皮细胞及气孔器

菊科植物苍术 *Atractylodes lancea* 叶片下表皮细胞及气孔器

表皮细胞的细胞壁外壁最厚，同时角质化，并常具角质层，内壁较薄，侧壁一般也薄，间有增厚。

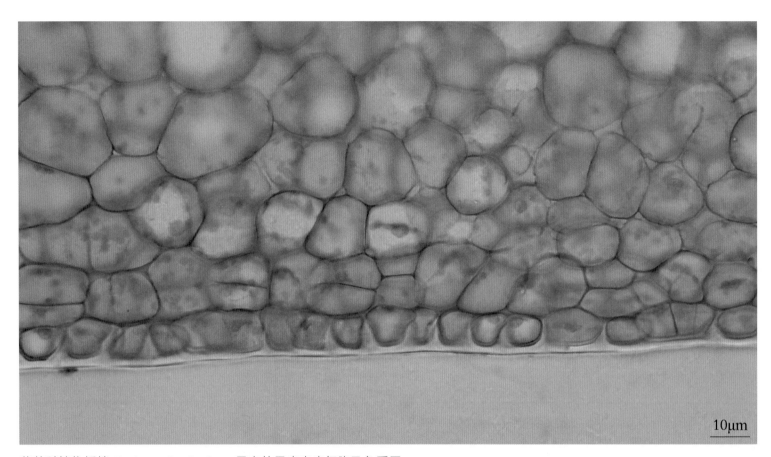

葫芦科植物栝楼 *Trichosanthes kirilowii* 果实外果皮表皮细胞及角质层

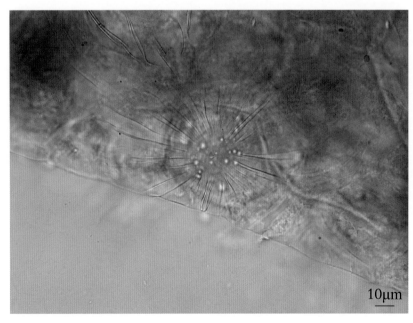

三白草科植物蕺菜 *Houttuynia cordata* 叶表皮外角质线纹

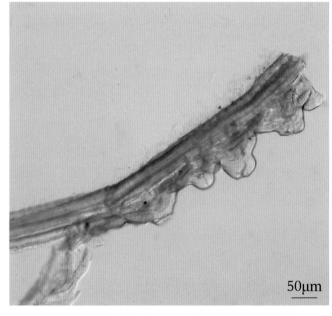

麻黄科植物草麻黄 *Ephedra sinica* 茎表皮外角质层

表皮通常由1层生活细胞构成，少数植物原表皮层细胞可与表面平行分裂，产生2~3层细胞，形成所谓的"复表皮"。复表皮只有表皮的1层细胞具有表皮的构造特征。

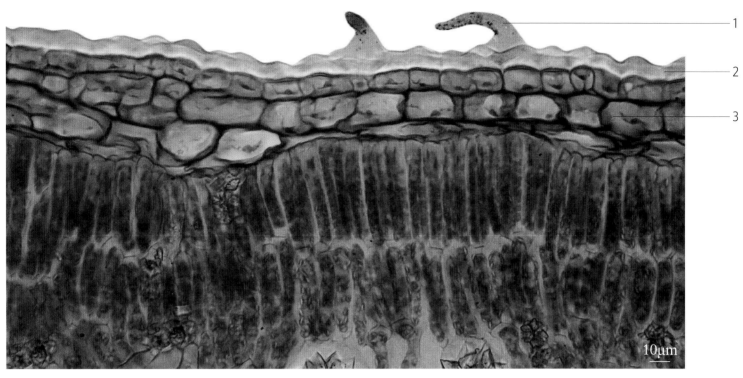

夹竹桃科植物夹竹桃 *Nerium oleander* 叶横切面（示复表皮）
1. 非腺毛；2. 角质层；3. 复表皮

（一） 毛茸

毛茸是由表皮细胞特化而成的突起物，具有保护、分泌物质、减少水分蒸发等作用。毛茸可分为腺毛和非腺毛两类。腺毛是能分泌挥发油、树脂、黏液等物质的毛茸，可分为腺头和腺柄两部分。非腺毛单纯起保护作用，不能分泌物质，无头部和柄，其顶端通常狭尖。

胡颓子科植物胡颓子 *Elaeagnus pungens* 叶

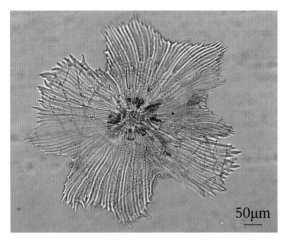

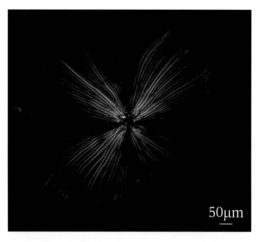

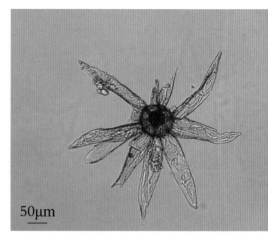

胡颓子科植物胡颓子 *Elaeagnus pungens* 叶表面鳞毛

胡颓子科植物胡颓子 *Elaeagnus pungens* 叶表面鳞毛（偏光）

水龙骨科植物石韦 *Pyrrosia lingua* 叶表面星状毛

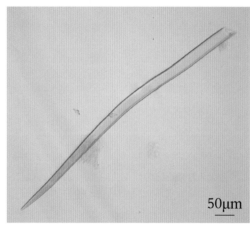

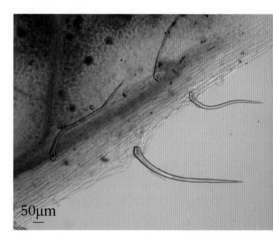

锦葵科植物木芙蓉 *Hibiscus mutabilis* 叶表面星状毛

蔷薇科植物月季 *Rosa chinensis* 花瓣表皮非腺毛

蔷薇科植物龙芽草 *Agrimonia pilosa* 叶表面非腺毛

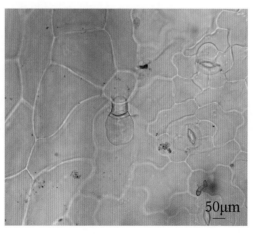

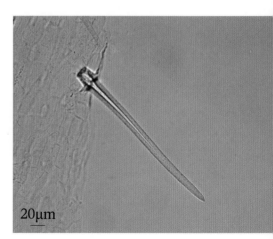

葫芦科植物绞股蓝 *Gynostemma pentaphyllum* 叶表面非腺毛

葫芦科植物绞股蓝 *Gynostemma pentaphyllum* 叶表面腺毛

忍冬科植物忍冬 *Lonicera japonica* 花被片表皮非腺毛

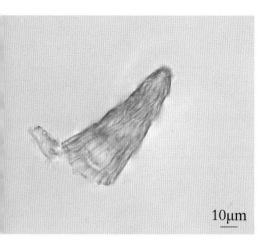

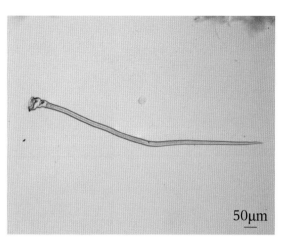

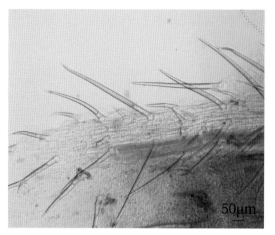

三白草科植物蕺菜 *Houttuynia cordata* 叶表面非腺毛

木兰科植物玉兰 *Magnolia denudata* 花苞片表皮非腺毛

牻牛儿苗科植物野老鹳草 *Geranium carolinianum* 叶表皮非腺毛

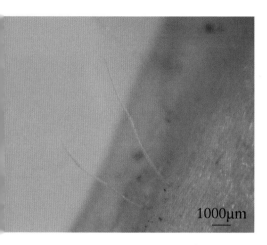

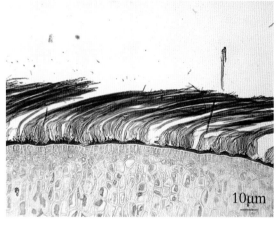

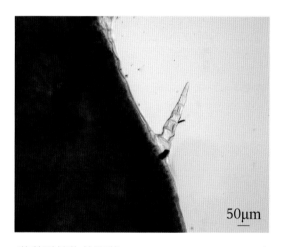

蔷薇科植物龙芽草 *Agrimonia pilosa* 叶表面非腺毛

马钱科植物马钱子 *Strychnos nux-vomica* 种皮非腺毛

葫芦科植物绞股蓝 *Gynostemma pentaphyllum* 叶表面非腺毛

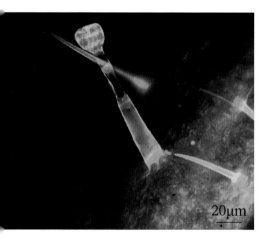

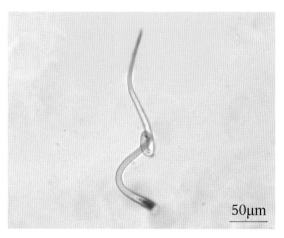

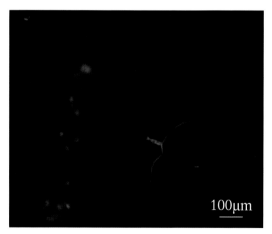

忍冬科植物忍冬 *Lonicera japonica* 花被片表皮腺毛与非腺毛（荧光）

爵床科植物穿心莲 *Andrographis paniculata* 地上部分非腺毛

菊科植物艾 *Artemisia argyi* 叶表面丁字毛（荧光）

（二）　气孔

双子叶植物的气孔是由 2 个半月形的保卫细胞组成。保卫细胞比其周围的表皮细胞小，有明显的细胞核，并有叶绿体。保卫细胞周围还有 2 个或多个和表皮细胞形状不同的细胞，称副卫细胞。构成气孔的保卫细胞和副卫细胞的排列关系，称为气孔轴式或气孔类型。常见的双子叶植物的气孔轴式有平轴式、直轴式、不等式、不定式和环式等。

1. 平轴式

平轴式，气孔周围通常有 2 个副卫细胞，其长轴与保卫细胞和气孔的长轴平行。

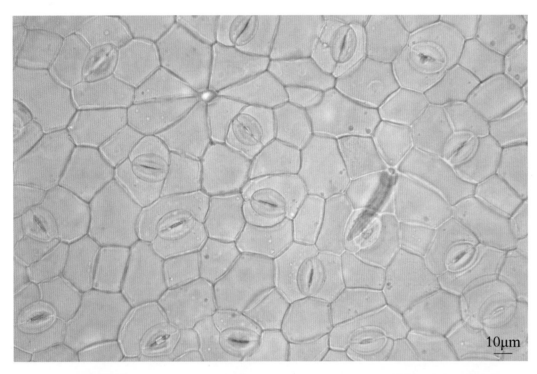

10µm

豆科植物狭叶番泻 *Cassia angustifolia*
叶下表皮细胞及平轴式气孔器

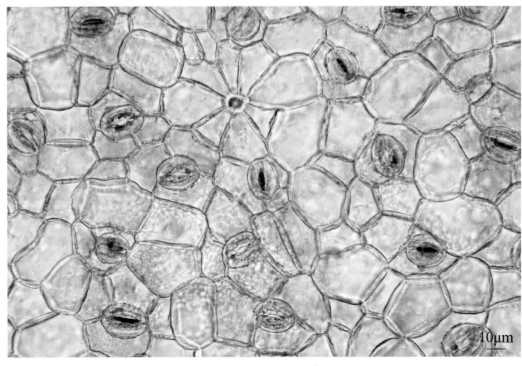

10µm

豆科植物狭叶番泻 *Cassia angustifolia*
叶下表皮细胞气孔（示副卫细胞）

2. 直轴式

直轴式，气孔周围通常有 2 个副卫细胞，其长轴与保卫细胞和气孔的长轴垂直。

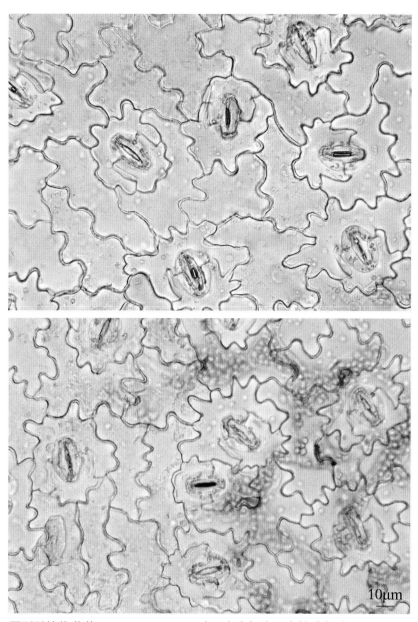

唇形科植物薄荷 *Mentha canadensis* 叶下表皮细胞及直轴式气孔器

3. 不等式

不等式，气孔周围的副卫细胞为 3~4 个，但大小不等，其中 1 个明显小。

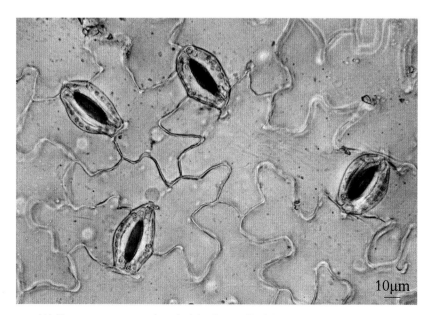

豆科植物蚕豆 *Vicia faba* 叶下表皮细胞及不等式气孔器

4. 不定式

不定式，气孔周围的副卫细胞数目不定，其大小基本相同，而形状与其他表皮细胞基本相似。

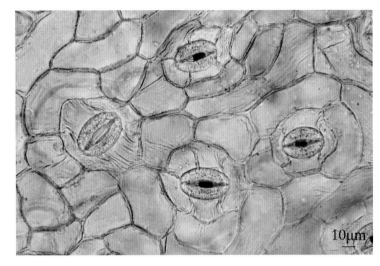

三白草科植物蕺菜 *Houttuynia cordata* 叶下表皮细胞及不定式气孔器

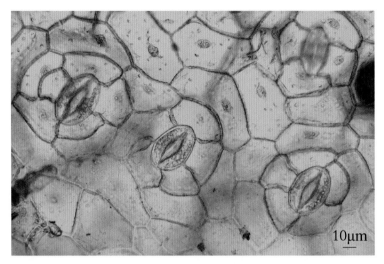

三白草科植物蕺菜 *Houttuynia cordata* 叶下表皮细胞及不定式气孔器

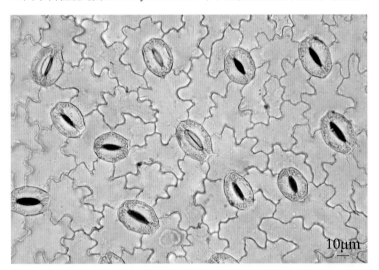

芍药科植物芍药 *Paeonia lactiflora* 叶下表皮细胞及不定式气孔器

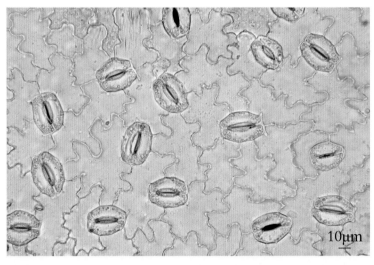

芍药科植物芍药 *Paeonia lactiflora* 叶下表皮细胞及不定式气孔器

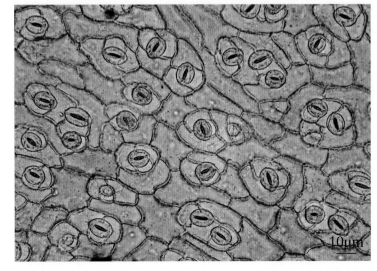

十字花科植物芸薹 *Brassica rapa* var. *deifera* 叶下表皮不等式和不定式气孔器

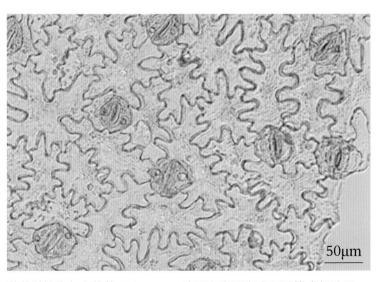

茜草科植物东南茜草 *Rubia argyi* 叶下表皮不定式和不等式气孔器

5. 其他

单子叶植物的气孔类型很多。如禾本科和莎草科植物均有其特殊的气孔类型。它的 2 个狭长的保卫细胞的两端膨大成球，好像并排的 1 对哑铃，中间窄的部分的细胞壁特别厚，两端球形部分的细胞壁比较薄。

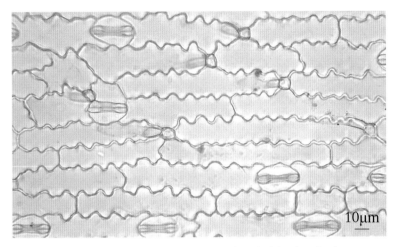

禾本科植物淡竹叶 *Lophatherum gracile* 叶下表皮细胞及气孔器

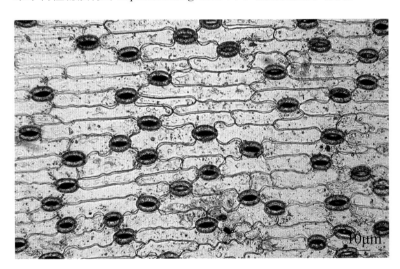

百合科百合属 *Lilium* sp. 叶下表皮细胞及气孔器

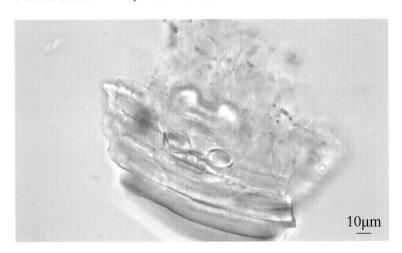

麻黄科植物草麻黄 *Ephedra sinica* 叶表皮上哑铃型气孔

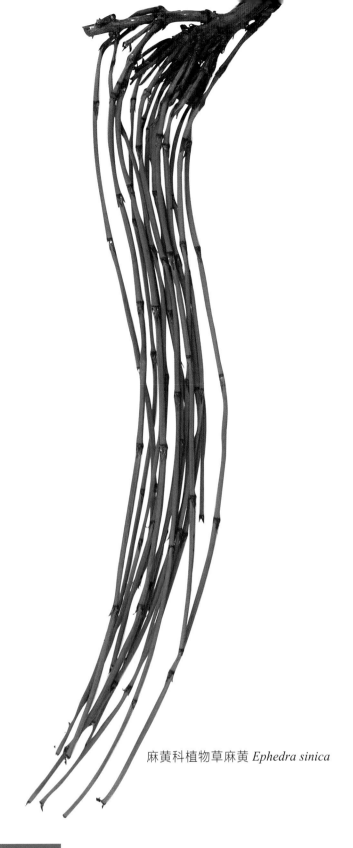

麻黄科植物草麻黄 *Ephedra sinica*

特征解析

麻黄的气孔内陷式，表面观长圆形，侧面观保卫细胞似电话筒状，两端特厚。

各种植物具有不同类型的气孔轴式，有时在同一植物的同一器官上也常有 2 种或 2 种以上类型。

药用植物的组织　第二章

二、 周皮

周皮是一种复合组织，它是由木栓层、木栓形成层和栓内层 3 种不同组织组成的复合体。木栓形成层细胞向外分裂形成木栓层，向内分裂产生栓内层，栓内层的细胞是生活的薄壁细胞。

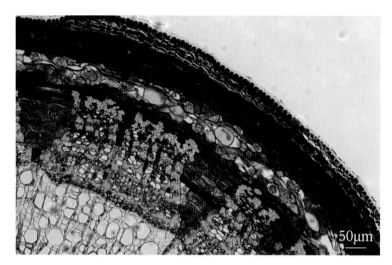

椴树科植物椴树 *Tilia tuan* 茎横切面

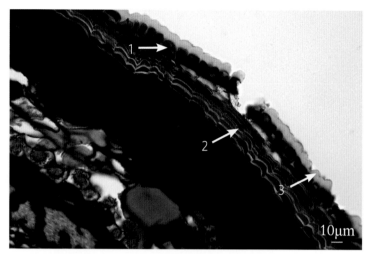

椴树科植物椴树 *Tilia tuan* 茎横切面（示周皮）
1. 表皮；2. 周皮；3. 角质层

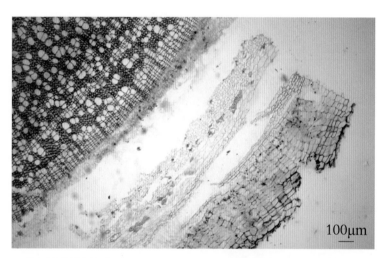

忍冬科植物接骨木 *Sambucus williamsii* 茎横切面（示周皮）

忍冬科植物接骨木 *Sambucus williamsii* 茎

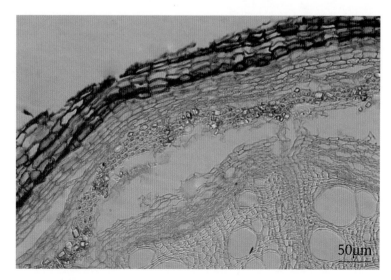

木通科植物木通 *Akebia quinata* 茎横切面（示周皮）

木通科植物木通 *Akebia quinata* 花

杜仲科植物杜仲 *Eucommia ulmoides* 茎落皮层

200μm

　　有的植物随茎或根不断地生长加粗，周皮不断地发生裂缝。早期形成的周皮全部破裂，新产生的周皮一片一片地从里面补上去。以后在新产生的周皮上又发生裂缝，于是新的木栓形成层在皮层的更深处产生。这样不断地发生，使木栓形成层愈来愈在深处产生，直到可以在次生韧皮部的薄壁组织中产生。这时处在木栓形成层以外的皮层细胞和一部分次生韧皮部细胞由于得不到水分和养料而死亡。木栓层和这些死亡的细胞共同形成了一种保护构造，叫作"落皮层"。

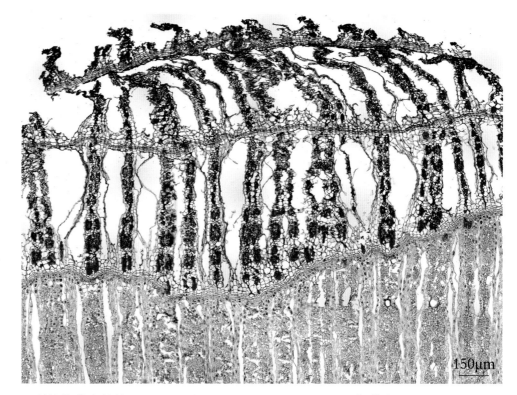

150μm

豆科植物蒙古黄芪 *Astragalus membranaceus* var. *mongholicus* 根落皮层

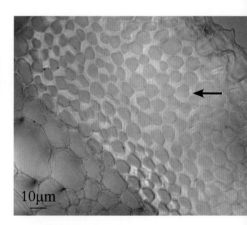

机械组织

机械组织在植物体内起着支持和巩固作用，其主要特征是细胞壁增厚。根据细胞的形态和细胞壁增厚的方式不同，机械组织可分为厚角组织和厚壁组织。

一、 厚角组织

厚角组织细胞含有原生质体，是生活细胞，具有一定的分裂潜能，常含叶绿体，可进行光合作用。在横切面上细胞常呈多角形，其结构特点是在细胞角隅处有加厚的初生壁，也有的在切向壁或靠近细胞间隙处加厚。

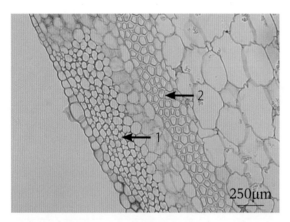

葫芦科植物南瓜 *Cucurbita moschata* 茎中厚角组织与厚壁组织
1. 厚角组织；2. 厚壁组织

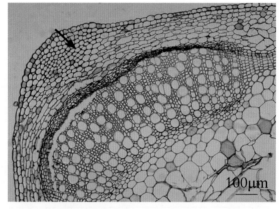

唇形科植物薄荷 *Mentha canadensis* 茎中厚角组织

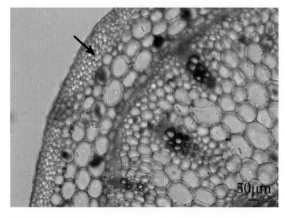

苋科植物苋 *Amaranthus tricolor* 茎中厚角组织

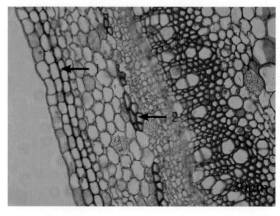

忍冬科植物接骨木 *Sambucus williamsii* 茎中厚角组织与厚壁组织
1. 厚角组织；2. 厚壁组织

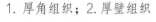

伞形科植物旱芹 *Apium graveolens* 叶柄中厚角组织

二、 厚壁组织

厚壁组织的细胞均具有全面增厚的次生壁，常有层纹和纹孔，大都木质化，细胞腔很小，成熟后一般没有生活的原生质体，为死细胞。厚壁组织根据细胞形状的不同，可分为纤维和石细胞。

（一） 纤维

纤维通常为两端尖斜的长形细胞，尖端彼此镶嵌成束。纤维细胞具有明显增厚的次生壁，常木质化而坚硬，壁上有少数纹孔，细胞腔小或几乎没有。

苦木科植物苦木 *Picrasma quassioides* 茎断面

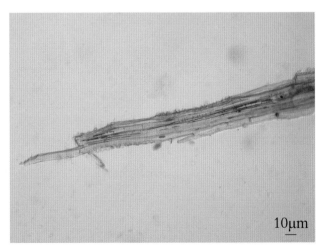

10μm

苦木科植物苦木 *Picrasma quassioides* 茎中纤维

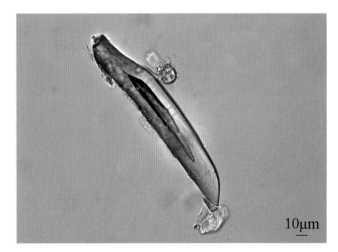

10μm

樟科植物肉桂 *Cinnamomum cassia* 树皮中纤维

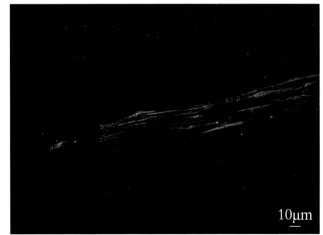

10μm

木兰科植物凹叶厚朴 *Magnolia officinalis* subsp. *biloba* 树皮中纤维

10μm

木兰科植物凹叶厚朴 *Magnolia officinalis* subsp. *biloba* 树皮中纤维（偏光）

1. 韧皮纤维

韧皮纤维多分布在韧皮部，常聚合成束。韧皮纤维呈长纺锤形，两端尖，细胞壁厚，细胞腔呈缝隙状。在横切面上细胞常呈圆形、多角形、长圆形等，细胞壁常呈现出同心纹层。

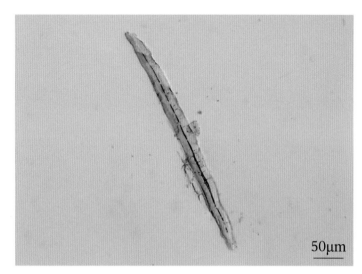

樟科植物肉桂 *Cinnamomum cassia* 幼嫩枝中韧皮纤维

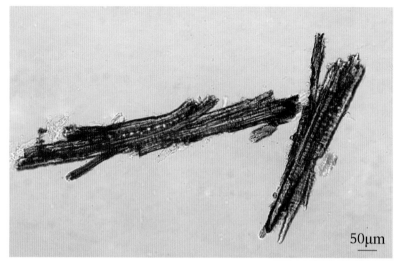

芸香科植物黄檗 *Phellodendron amurense* 树皮中纤维束（间苯三酚-浓盐酸试剂显色）

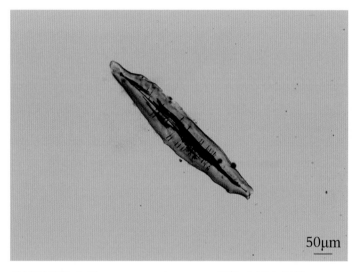

芸香科植物白鲜 *Dictamnus dasycarpus* 根皮中韧皮纤维

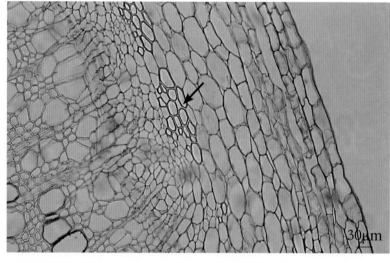

忍冬科植物接骨木 *Sambucus williamsii* 茎中韧皮纤维

2. 分隔纤维

有些生活着的纤维还能够进行少数横分裂，产生薄的横壁，将纤维分隔成一些小室，称为分隔纤维。

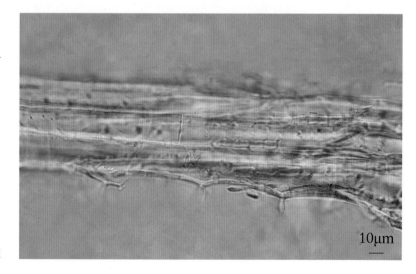

姜科植物姜 *Zingiber officinale* 根状茎中分隔纤维

3. 嵌晶纤维

嵌晶纤维，纤维细胞次生壁外层嵌有一些细小的草酸钙方晶和砂晶。

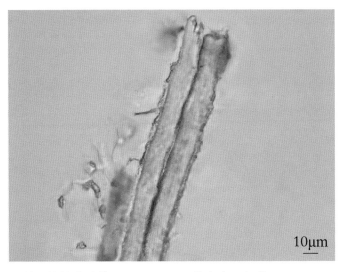
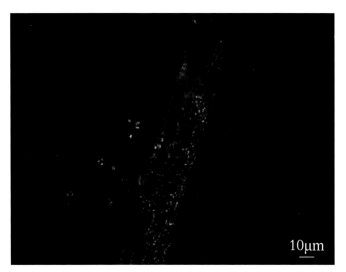

麻黄科植物草麻黄 *Ephedra sinica* 茎中嵌晶纤维　　　　　　　麻黄科植物草麻黄 *Ephedra sinica* 茎中嵌晶纤维（偏光）

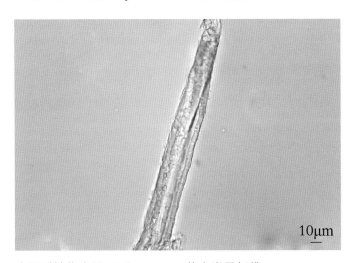
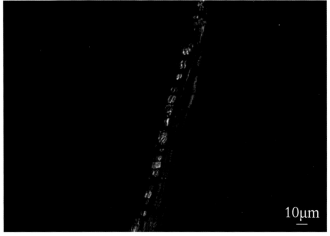

木通科植物木通 *Akebia quinata* 茎中嵌晶纤维　　　　　　　木通科植物木通 *Akebia quinata* 茎中嵌晶纤维（偏光）

木通科植物木通 *Akebia quinata*

4. 晶鞘纤维

晶鞘纤维是纤维束及其外侧包围着许多含有晶体的薄壁细胞所组成的复合体的总称。这些薄壁细胞中有的含有方晶，有的含有簇晶，有的含有石膏结晶等。

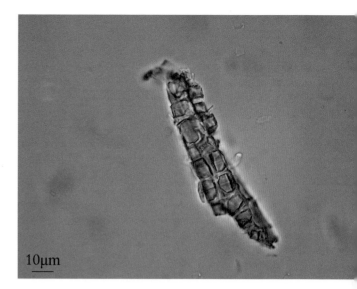

芸香科植物黄檗 *Phellodendron amurense* 树皮中晶鞘纤维

豆科植物葛 *Pueraria montana* 根断面

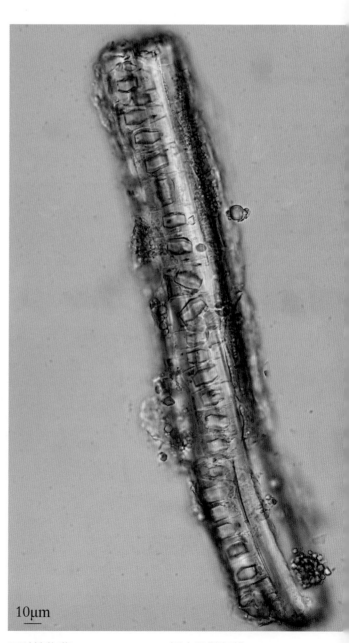

豆科植物葛 *Pueraria montana* 根中晶鞘纤维

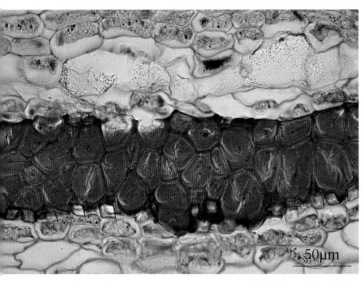

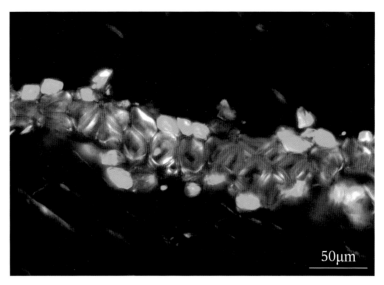

芸香科植物川黄檗 *Phellodendron chinense* 树皮中晶鞘纤维束

芸香科植物川黄檗 *Phellodendron chinense* 树皮中晶鞘纤维束（偏光）

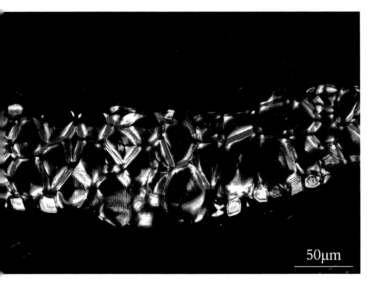

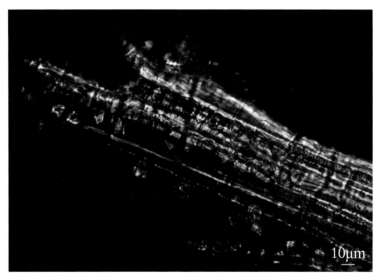

芸香科植物川黄檗 *Phellodendron chinense* 树皮中晶鞘纤维束
（偏光）

芸香科植物川黄檗 *Phellodendron chinense* 树皮中晶鞘纤维（偏光）

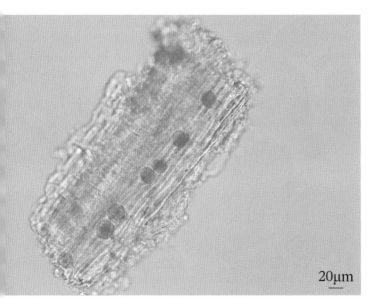

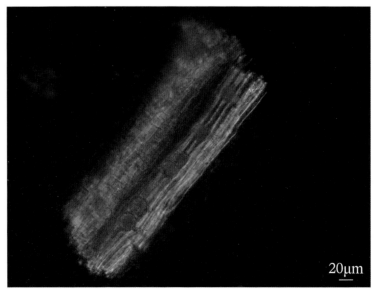

石竹科植物石竹 *Dianthus chinensis* 茎中含簇晶纤维

石竹科植物石竹 *Dianthus chinensis* 茎中含簇晶纤维（偏光）

（二）　石细胞

石细胞广泛分布于植物体内。石细胞的次生壁极度木质化，是特别硬化的厚壁细胞。其形状多样，有椭圆形、类圆形、类方形、不规则形、分枝状、星状、柱状、骨状、毛状等，长宽比一般不超过6~8倍。石细胞可单个散在，或数个成群，或连续成环。石细胞的形状变化很大，是中药鉴定重要的依据。

分隔石细胞，石细胞腔内产生薄的横隔膜。

嵌晶石细胞，石细胞的次生壁外层嵌有非常细小的草酸钙晶体。

含晶石细胞，石细胞内含有各种形状的草酸钙结晶。

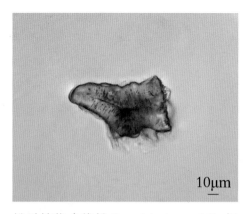

松科植物金钱松 *Pseudolarix amabilis* 根皮中石细胞

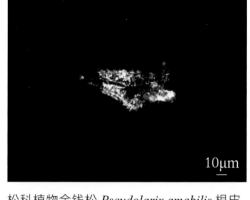

松科植物金钱松 *Pseudolarix amabilis* 根皮中石细胞（偏光）

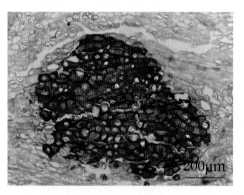

桑科植物桑 *Morus alba* 根皮中含晶石细胞群

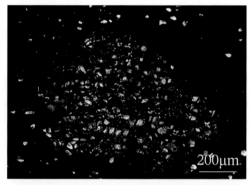

桑科植物桑 *Morus alba* 根皮中含晶石细胞群（偏光）

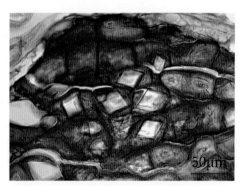

桑科植物桑 *Morus alba* 根皮中含晶石细胞群

桑科植物桑 *Morus alba* 根皮中含晶石细胞群（偏光）

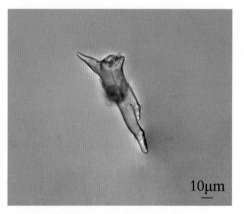

木兰科植物凹叶厚朴 *Magnolia officinalis* subsp. *biloba* 树皮中石细胞

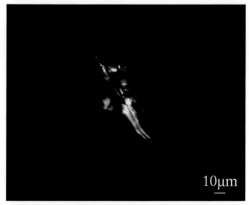

木兰科植物凹叶厚朴 *Magnolia officinalis* subsp. *biloba* 树皮中石细胞（偏光）

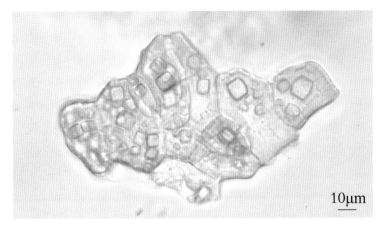

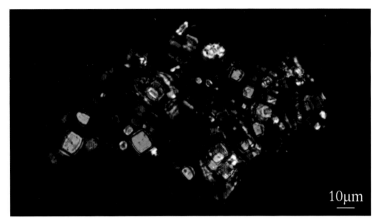

木通科植物木通 *Akebia quinata* 茎中含晶石细胞群

木通科植物木通 *Akebia quinata* 茎中含晶石细胞群（偏光）

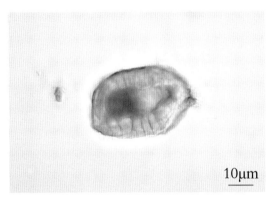

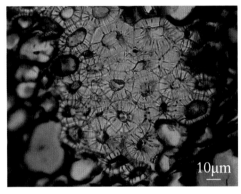

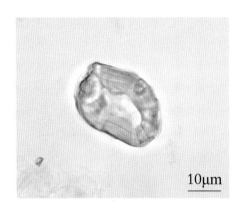

蔷薇科植物皱皮木瓜 *Chaenomeles speciosa* 果实中石细胞

蔷薇科植物皱皮木瓜 *Chaenomeles speciosa* 果实中石细胞群

楝科植物川楝 *Melia toosendan* 果实中石细胞

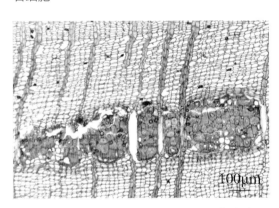

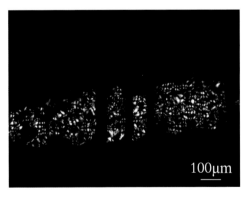

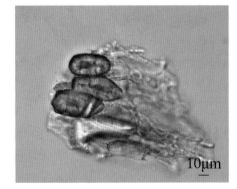

杜仲科植物杜仲 *Eucommia ulmoides* 茎皮中石细胞环带

杜仲科植物杜仲 *Eucommia ulmoides* 茎皮中石细胞环带（偏光）

木兰科植物厚朴 *Magnolia officinalis* 树皮中石细胞

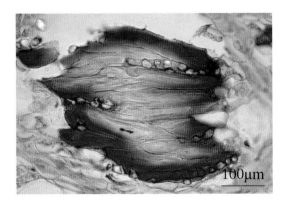

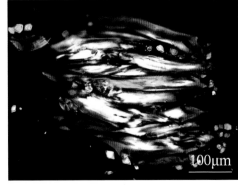

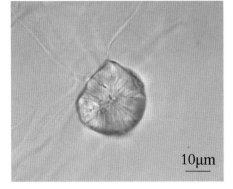

芸香科植物川黄檗 *Phellodendron chinense* 树皮中石细胞群

芸香科植物川黄檗 *Phellodendron chinense* 树皮中石细胞群（偏光）

蔷薇科植物沙梨 *Pyrus pyrifolia* 果肉中石细胞

分泌组织

植物体内存在一些能分泌挥发油、乳汁、黏液、树脂和蜜液等特殊物质的组织，它们是特化的单个细胞或由多个细胞组成，称为分泌组织。根据分泌细胞所排出的分泌物是积累在植物体内部还是排出体外，可分为外部分泌组织和内部分泌组织。

 ## 外部分泌组织

外部分泌组织是分布在植物体体表部分的分泌结构，其特征是其组成细胞将其分泌物分泌到植物体表面，如腺毛、蜜腺等。

腺毛一般由头部和柄部组成。腺头的分泌细胞常覆盖着较厚的角质层，其分泌物积聚在细胞壁与角质层之间。分泌物能经角质层渗出，或角质层破裂而排出。

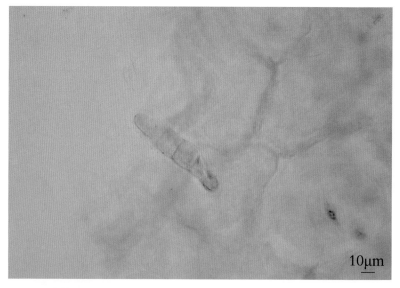

10μm

三白草科植物蕺菜 *Houttuynia cordata* 叶表皮上腺毛

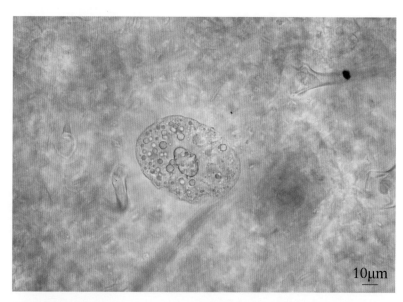

10μm

桑科植物葎草 *Humulus scandens* 叶表皮上盾状腺毛

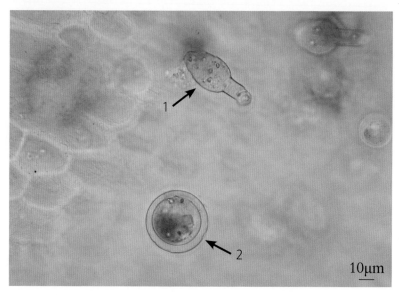

10μm

蔷薇科植物龙芽草 *Agrimonia pilosa* 叶表皮上腺毛与腺鳞
1. 腺毛；2. 腺鳞

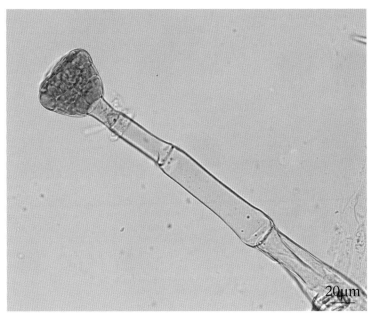

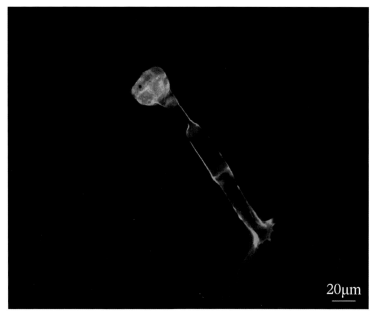

忍冬科植物忍冬 *Lonicera japonica* 花被片上腺毛

忍冬科植物忍冬 *Lonicera japonica* 花被片上腺毛（荧光）

唇形科植物的叶表皮上，有一种短柄或无柄的腺毛，其头部通常由 8 个或 6、7 个细胞组成，略呈扁球形，排列在一个平面上，称为腺鳞。

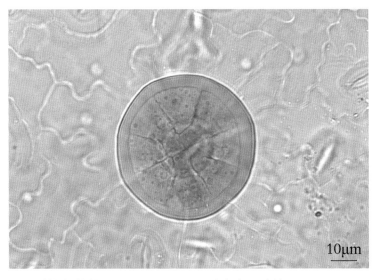

唇形科植物薄荷 *Mentha canadensis* 叶表皮上腺鳞

有的植物的腺毛存在于植物组织内部的细胞间隙中，称为间隙腺毛，如广藿香茎和粗茎鳞毛蕨叶柄及根状茎中的间隙腺毛。

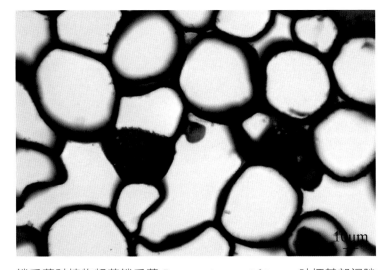

鳞毛蕨科植物粗茎鳞毛蕨 *Dryopteris crassirhizoma* 叶柄基部间隙腺毛

二、 内部分泌组织

内部分泌组织分布在植物体内，分泌物也积存在体内。根据它们的形态、结构和分泌物的不同，可分为分泌细胞、分泌腔、分泌道和乳汁管。

（一） 分泌细胞

分泌细胞是分布在植物体内部的具有分泌能力的细胞，通常比周围细胞大，以单个细胞或细胞团（列）分散在其他组织中。由于贮藏的分泌物不同，又分为油细胞（含挥发油）、黏液细胞、单宁（鞣质）细胞、芥子酶细胞等。

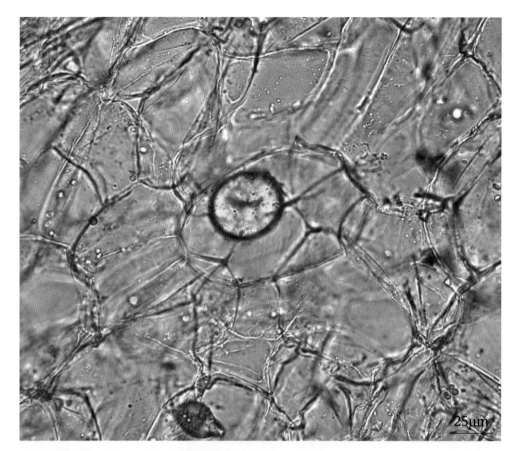

25μm

姜科植物姜 *Zingiber officinale* 根状茎中油细胞

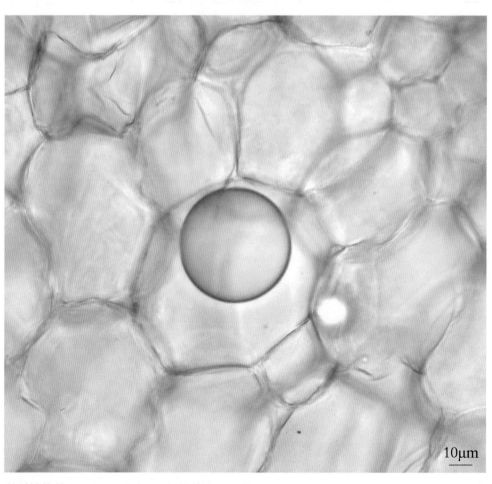

10μm

姜科植物姜 *Zingiber officinale* 根状茎中油细胞

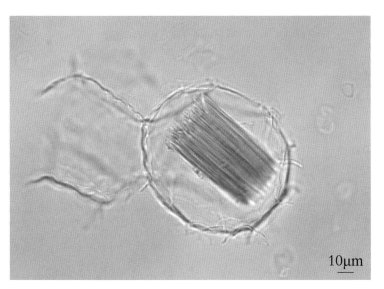

天南星科植物半夏 *Pinellia ternata* 块茎中黏液细胞

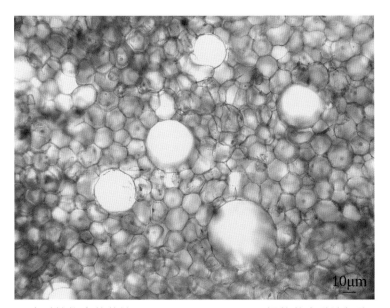

百合科植物多花黄精 *Polygonatum cyrtonema* 根状茎中黏液细胞

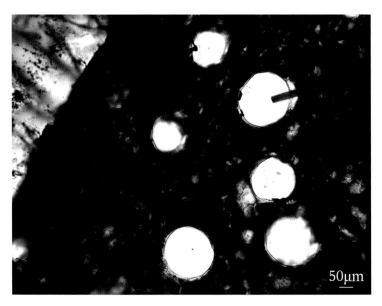

百合科植物多花黄精 *Polygonatum cyrtonema* 根状茎中黏液细胞
（墨汁反应）

百合科植物多花黄精 *Polygonatum cyrtonema* 根状茎

（二） 分泌腔

　　分泌腔也称为分泌囊或油室，分泌物常聚集于囊状结构的胞间隙中。有的植物分泌腔中含有挥发油，经苏丹Ⅲ试液反应呈橘红色、红色或紫红色。

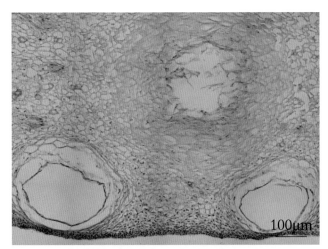

芸香科植物柑橘 *Citrus reticulata* 外果皮上分泌腔

芸香科植物柑橘 *Citrus reticulata* 果实

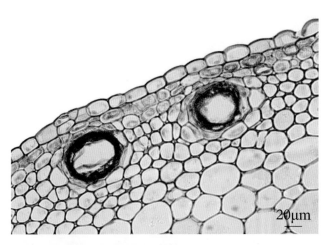

锦葵科棉属 *Gossypium* sp. 茎上分泌腔

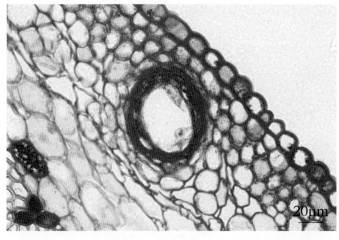

锦葵科棉属 *Gossypium* sp. 茎上分泌腔

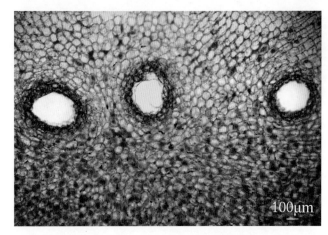

菊科植物苍术 *Atractylodes lancea* 根状茎中分泌腔（苏丹Ⅲ试液反应）

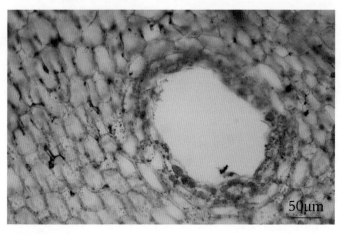

菊科植物苍术 *Atractylodes lancea* 根状茎中分泌腔（苏丹Ⅲ试液反应）

（三） 分泌道

分泌道是由一些分泌细胞彼此分离形成的1个长管状间隙的腔道，周围分泌细胞称为上皮细胞。上皮细胞产生的分泌物贮存于腔道中。由于贮藏分泌物的不同，又分为树脂道、油管和黏液道等。

如松树茎中的分泌道贮藏着由上皮细胞分泌的树脂，称为树脂道。伞形科植物根、果实的分泌道贮藏着挥发油，称为油管。美人蕉和椴树的分泌道贮藏着黏液，称为黏液道或黏液管。

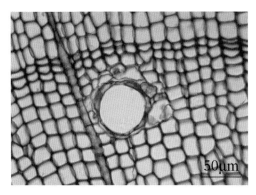

松科松属 *Pinus* sp. 茎中树脂道（横切）

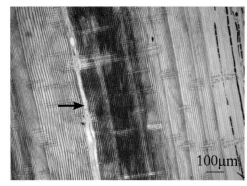

松科松属 *Pinus* sp. 茎中树脂道（纵切）

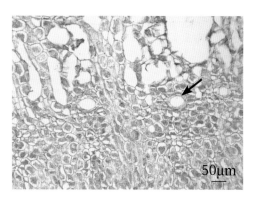

五加科植物西洋参 *Panax quinquefolius* 根中树脂道

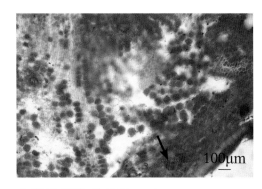

伞形科植物前胡 *Peucedanum praeruptorum* 根中分泌道（苏丹Ⅲ试液反应）

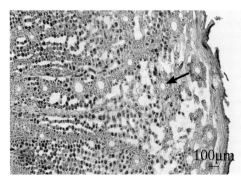

伞形科植物前胡 *Peucedanum praeruptorum* 根中分泌道

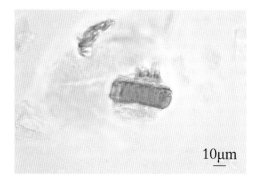

伞形科植物珊瑚菜 *Glehnia littoralis* 根中分泌道

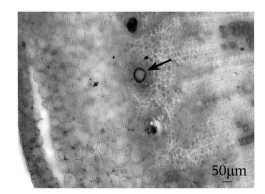

伞形科植物南方大叶柴胡 *Bupleurum longiradiatum* f. *australe* 根中油管（苏丹Ⅲ试液反应）

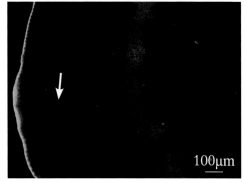

伞形科植物南方大叶柴胡 *Bupleurum longiradiatum* f. *australe* 根中油管（荧光）

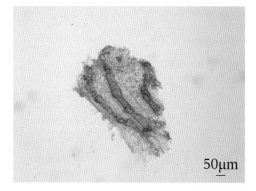

伞形科植物防风 *Saposhnikovia divaricata* 根中油管

特征解析

防风根中油管的管道中常含金黄色、黄棕色或绿黄色的条块状分泌物，粗细不一，偶见条块状分泌物呈分叉状。

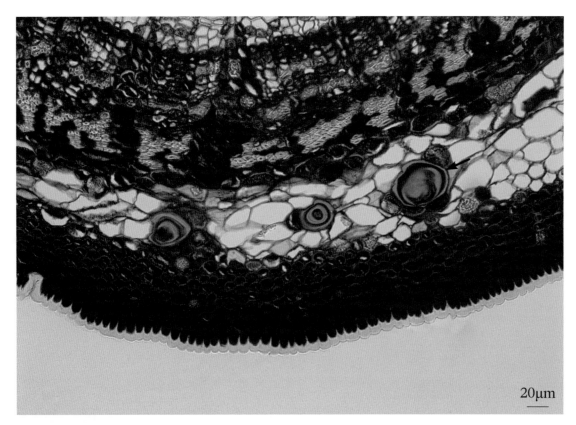

20μm

椴树科植物椴树 *Tilia tuan* 茎中黏液道

（四）乳汁管

乳汁管是植物体内含有乳汁的细胞，或互相联结并融合的细胞系列。

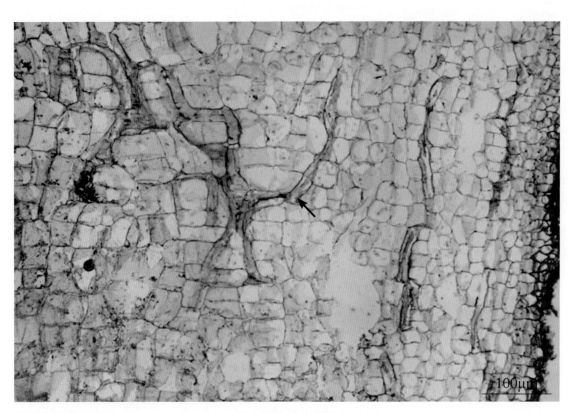

100μm

菊科植物蒲公英 *Taraxacum mongolicum* 根中乳汁管（纵切）

第六节

输导组织

输导组织是植物体内运输水分和各种营养物质的组织。根据输导组织的构造和运输物质的不同，可分为两类：一类是木质部中的管胞和导管，主要运输水分和溶解于其中的无机盐；另一类是韧皮部中的筛管、伴胞和筛胞，主要是运输有机物质（光合产物、激素等）。

一、　管胞和导管

（一）　管胞

管胞是绝大多数蕨类植物和裸子植物的输水组织，同时也兼有支持作用。每个管胞是 1 个细胞，呈长管状，两端斜尖，不形成穿孔，细胞口径小。管胞的次生壁增厚，常形成环纹、螺纹、梯纹和孔纹等类型。

松科松属 *Pinus* sp. 茎中管胞（纵切）

（二） 导管

导管是被子植物主要的输水组织，是由一系列长管状或筒状的导管分子通过横壁彼此首尾相连，成为一个贯通的管状结构。导管木质化的次生壁并非均匀增厚。根据导管增厚所形成的纹理不同，可分为环纹、螺纹、梯纹和孔纹等类型。

一种植物的某器官中具有多种导管类型。一种植物的木质部中并不一定具有全部类型的导管。导管类型之间还有一些中间类型，如梯纹和网纹的中间类型，称为梯-网纹导管。

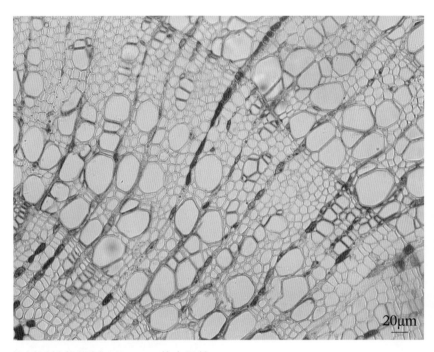

椴树科植物椴树 *Tilia tuan* 茎中导管

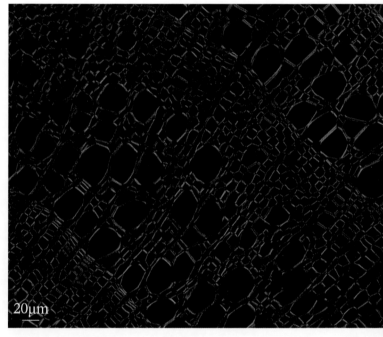

椴树科植物椴树 *Tilia tuan* 茎中导管（偏光）

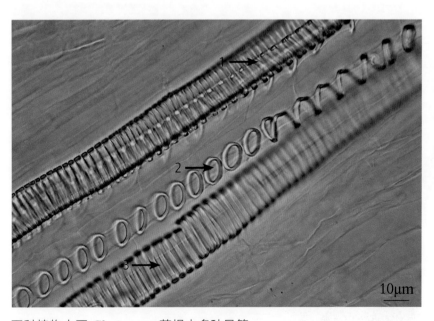

豆科植物大豆 *Glycine max* 芽根中多种导管
1. 螺纹导管；2. 环纹导管；3. 梯纹导管

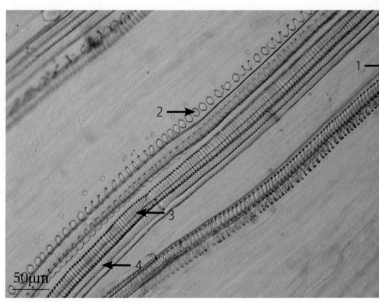

豆科植物大豆 *Glycine max* 芽根中多种导管
1. 螺纹导管；2. 环纹导管；3. 梯纹导管；4. 孔纹导管

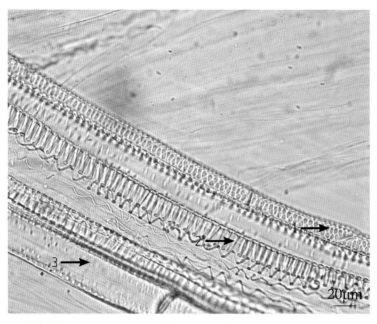

豆科植物绿豆 *Vigna radiata* 芽中多种导管
1. 网纹导管；2. 螺纹导管；3. 具缘纹孔导管

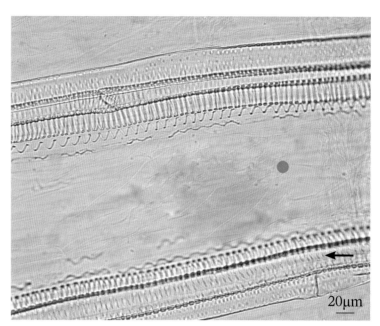

豆科植物绿豆 *Vigna radiata* 芽中具缘纹孔导管

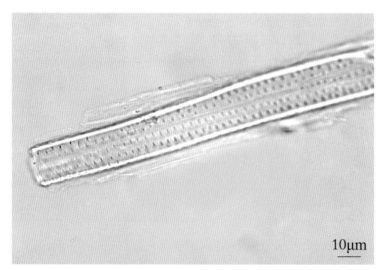

唇形科植物紫苏 *Perilla frutescens* 茎中具缘纹孔导管

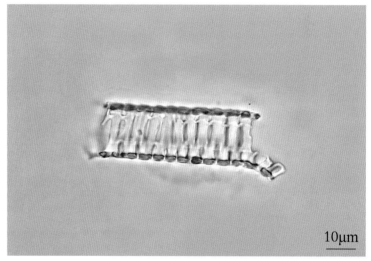

五加科植物人参 *Panax ginseng* 根中网纹导管

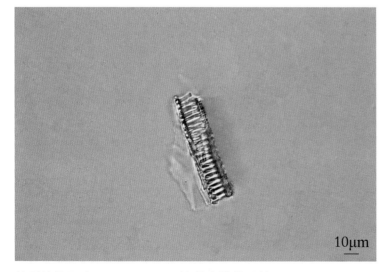

兰科植物天麻 *Gastrodia elata* 块茎中梯纹导管

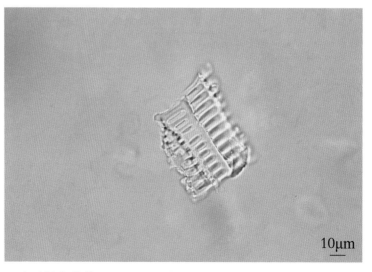

百合科植物菝葜 *Smilax china* 根状茎中梯状具缘纹孔导管

侵填体是与无功能导管相邻的木薄壁组织细胞通过纹孔腔向导管内形成的突起。侵填体的产生对病菌侵害起一定的防腐作用，但使导管的流透性降低。

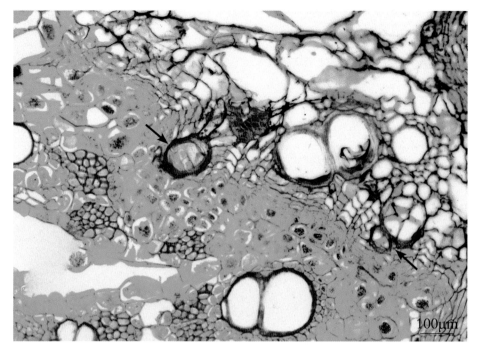

豆科植物蒙古黄芪 *Astragalus membranaceus* var. *mongholicus* 根中侵填体

二、 筛管、伴胞和筛胞

（一） 筛管

筛管主要存在于被子植物的韧皮部中，是运输光合作用产生的有机物质的管状结构，是由一些生活的管状细胞纵向连接而成的。组成筛管的每一个管状细胞，称为筛管分子。筛管两相连细胞的横隔壁上穿有许多小孔，称为筛孔。具有筛孔的横壁称为筛板。

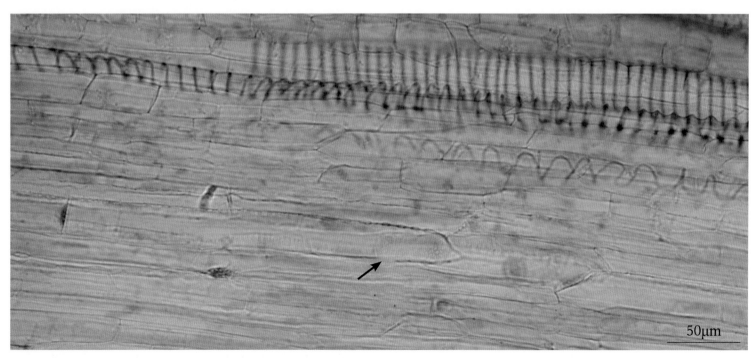

葫芦科植物南瓜 *Cucurbita moschata* 茎中筛管（纵切）

（二） 伴胞

在被子植物筛管分子的旁边，常有1个或多个小型的薄壁细胞，和筛管相伴存在着，称为伴胞。

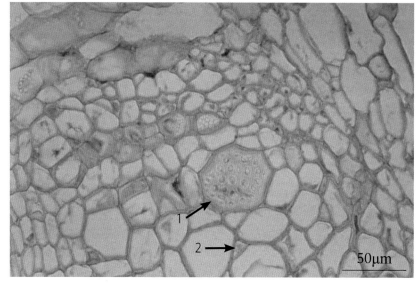

葫芦科植物南瓜 *Cucurbita moschata* 茎中筛管与伴胞（横切）
1. 筛板；2. 伴胞

（三） 筛胞

筛胞是蕨类植物和裸子植物运输光合作用产生的有机物质的输导分子。筛胞是单个细胞，无伴胞存在，形状狭长，直径较小，两端尖斜，没有特化的筛板，只有存在于侧壁上的筛域。

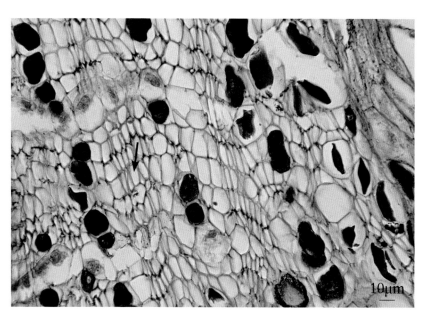

松科松属 *Pinus* sp. 根横切面（局部放大，示筛胞）

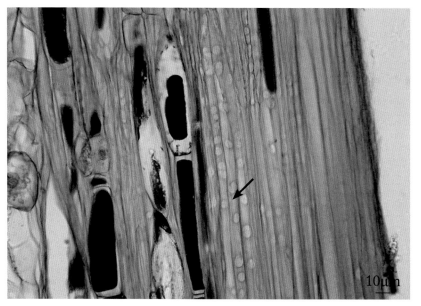

松科松属 *Pinus* sp. 根纵切面（局部放大，示筛胞）

维管组织

维管束是蕨类植物、裸子植物、被子植物等维管植物的输导系统。根据维管束中韧皮部与木质部排列方式的不同，以及形成层的有无，将维管束分为下列几种类型。

一、 有限外韧维管束

有限外韧维管束，韧皮部位于外侧，木质部位于内侧，中间没有形成层。如单子叶植物茎中的维管束。

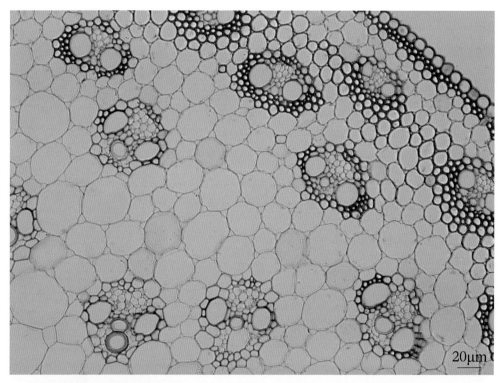

禾本科植物玉蜀黍 *Zea mays* 茎中有限外韧维管束

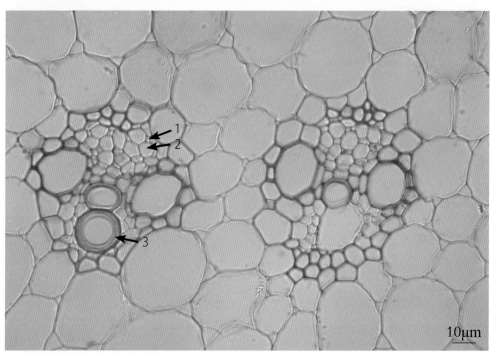

禾本科植物玉蜀黍 *Zea mays* 茎中有限外韧维管束
1. 伴胞；2. 筛管；3. 导管

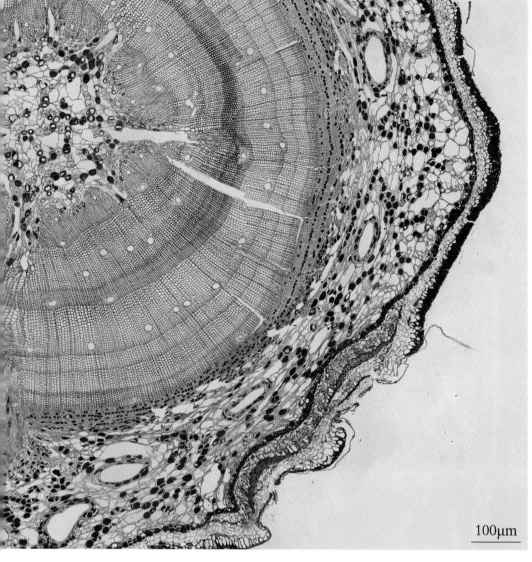

100μm

松科松属 *Pinus* sp. 茎中无限外韧维管束（横切）

二、 无限外韧维管束

　　无限外韧维管束与有限外韧维管柱的不同点是韧皮部与木质部之间有形成层。如裸子植物和双子叶植物茎中的维管束。

松科松属 *Pinus* sp. 茎中无限外韧维管束（纵切）

三、 双韧维管束

双韧维管束，木质部内外两侧都有韧皮部，在外侧韧皮部与木质部间有形成层。常见于茄科、葫芦科、夹竹桃科、萝藦科、旋花科、桃金娘科等植物茎中的维管束。

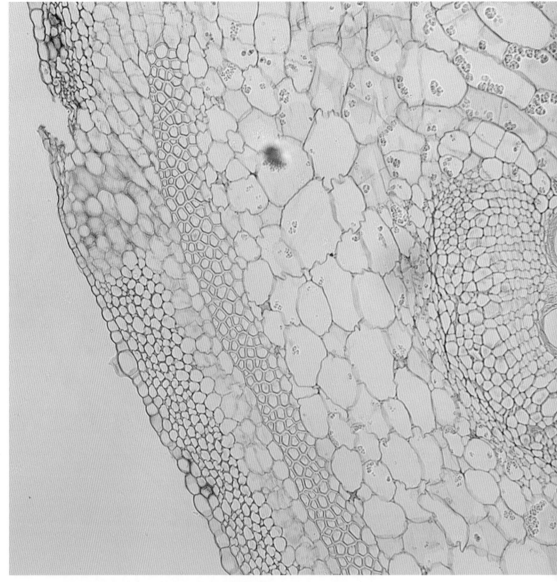

葫芦科植物南瓜 *Cucurbita moschata* 茎中双韧维管束

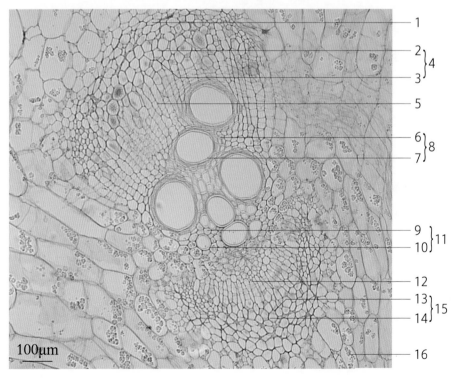

葫芦科植物南瓜 *Cucurbita moschata* 茎横切面（局部放大，示维管组织）

1. 原生韧皮部；2. 筛管；3. 伴胞；4. 后生韧皮部；5. 形成层；6. 管胞；7. 导管；8. 后生木质部；9. 薄壁组织；10. 导管；11. 原生木质部；12. 发育不完全的形成层；13. 伴胞；14. 筛管；15. 内生韧皮部；16. 未被破坏的髓部薄壁组织

100μm

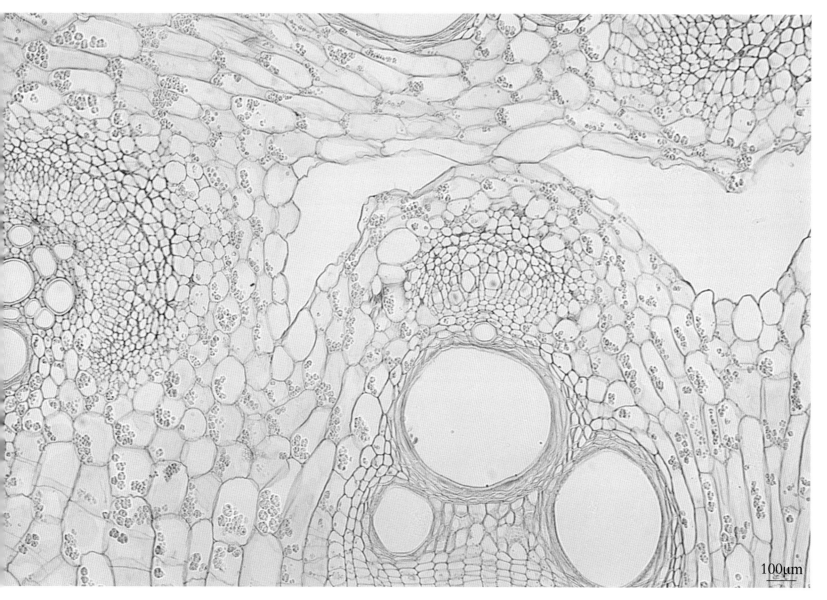

100μm

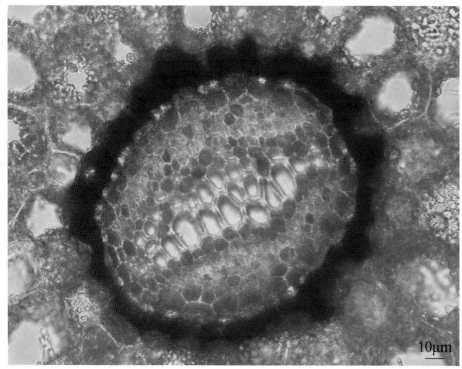

10μm

四、 周韧维管束

周韧维管束，木质部位于中间，韧皮部围绕在木质部周围。如百合科、禾本科、棕榈科、蓼科及蕨类的某些植物根、根状茎或茎中的维管束。

水龙骨科植物中华水龙骨 *Polypodiodes chinensis* 根状茎中周韧维管束

周木维管束

周木维管束，韧皮部位于中间，木质部围绕在韧皮部的四周。常见于少数单子叶植物的根状茎，如石菖蒲、铃兰等。

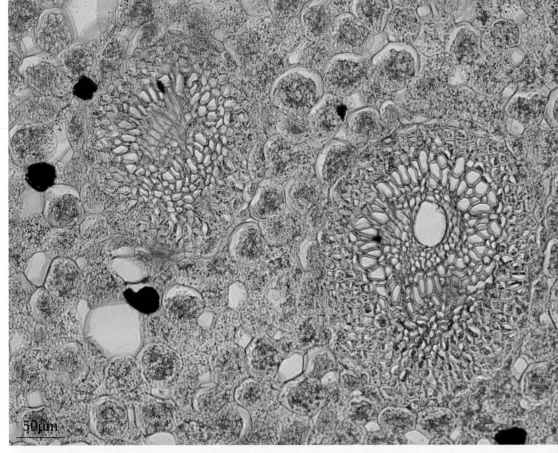

天南星科植物金钱蒲 *Acorus gramineus* 根状茎中周木维管束

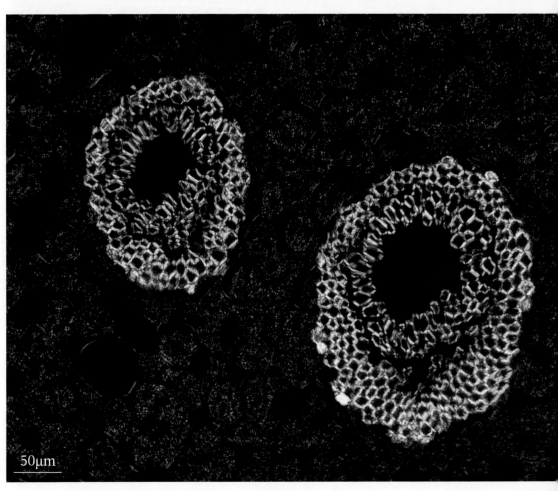

天南星科植物金钱蒲 *Acorus gramineus* 根状茎中周木维管束（偏光）

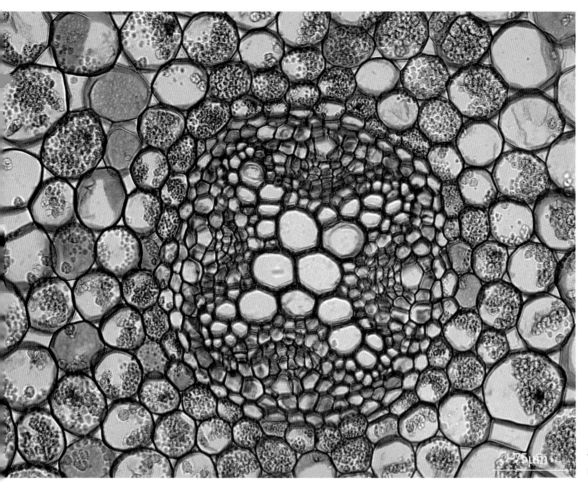

六、 辐射维管束

辐射维管束，韧皮部与木质部相互间隔成辐射状排列，并形成一圈。多数单子叶植物根的维管束为多元型并排列成一圈，中间多具有宽阔的髓部；在双子叶植物根的初生构造中木质部常分化到中心，呈星角状，韧皮部位于两角之间，彼此相间排列，这类维管束称为辐射维管束。

毛茛科植物毛茛 *Ranunculus japonicus* 根中辐射维管束

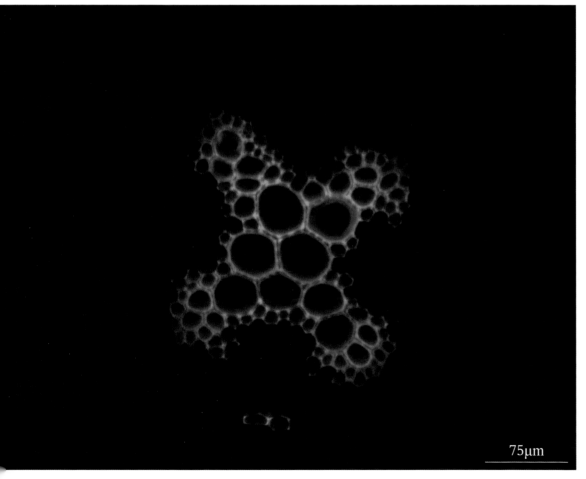

毛茛科植物毛茛 *Ranunculus japonicus* 根中辐射维管束（荧光）

CHAPT

根是通常生长于地下的植物器官，主要机能是使植物体固着在土壤中，并从土壤中吸收水分和无机盐类物质。『根深叶茂』说明根在植物生活中具有重要作用。

根的构造可以分为根尖的构造、根的初生构造、根的次生构造、根的异常构造4部分。

E R 3

第三章

药用植物根的构造

豆科植物蒙古黄芪 *Astragalus membranaceus var. mongholicus* 根横切面（偏光）

根尖的构造

　　根尖是指从根最先端到有根毛区上限的一段，是根生命活动最活跃的部分。根的伸长生长，对水分和养料的吸收，以及初生构造的分化都在此进行。根据根尖细胞生长和分化的程度不同，可将根尖分为根冠、分生区、伸长区、根毛区（成熟区）4个部分。

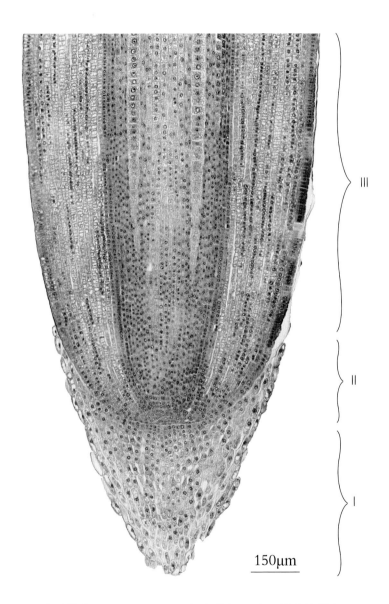

禾本科植物玉蜀黍 *Zea mays* 根尖纵切面（示根尖构造）
Ⅰ. 根冠；Ⅱ. 分生区；Ⅲ. 伸长区

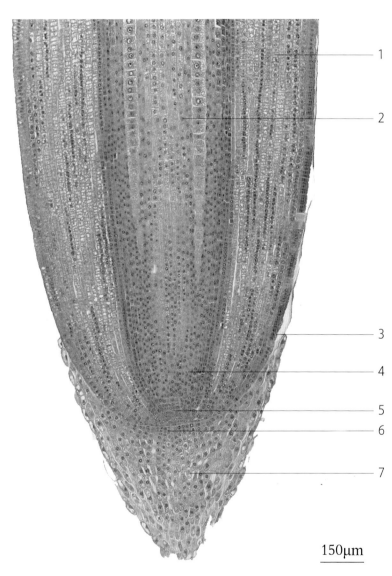

禾本科植物玉蜀黍 *Zea mays* 根尖纵切面（示根尖构造）
1. 皮层；2. 中柱；3. 原表皮层；4. 原分生组织；5. 静止中心；
6. 根冠原始细胞；7. 根冠

第二节

双子叶植物根的初生构造

双子叶植物根的初生构造横切面，从外到内依次为表皮、皮层和维管柱 3 部分。

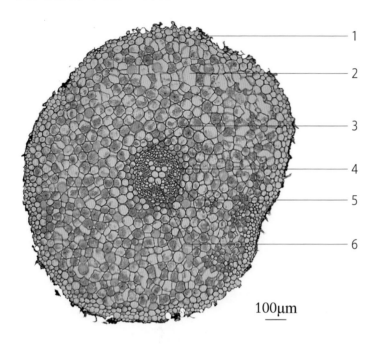

100μm

毛茛科植物毛茛 *Ranunculus japonicus* 根横切面（示双子叶植物根的初生构造）

1. 表皮；2. 皮层；3. 内皮层；4. 中柱鞘；5. 初生韧皮部；
6. 初生木质部

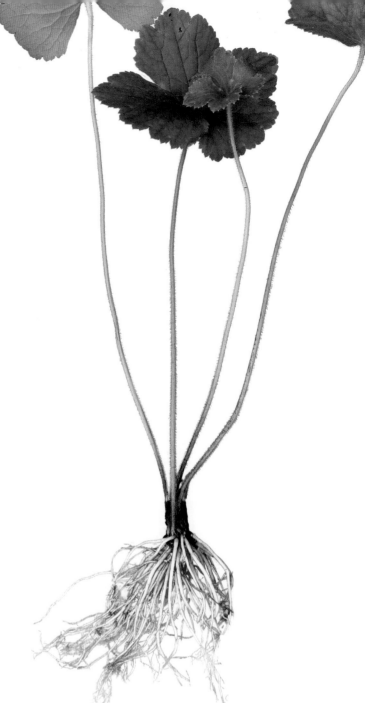

毛茛科植物毛茛 *Ranunculus japonicus*

一、 表皮

根的表皮位于成熟区最外围一层，表皮细胞近似长柱形，排列整齐紧密，无细胞间隙，细胞壁薄，非角质化，富有通透性，不具气孔。一部分表皮细胞的外壁突出，延伸成根毛。

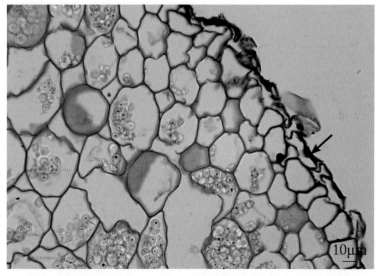

10μm

毛茛科植物毛茛 *Ranunculus japonicus* 根横切面（示双子叶植物根的表皮）

二、 | 皮层

皮层位于表皮和维管束之间。通常可分为外皮层、皮层薄壁组织和内皮层。外皮层为皮层最外方，紧接表皮，细胞排列整齐、紧密；皮层薄壁组织为外皮层和内皮层之间的多层细胞，其细胞壁薄，排列疏松，有细胞间隙；内皮层为皮层最内侧的 1 层，细胞排列整齐、紧密，无细胞间隙。内皮层细胞壁的一部分出现径向壁和横向壁微微加厚，其径向壁增厚的部分呈点状，称凯氏点。

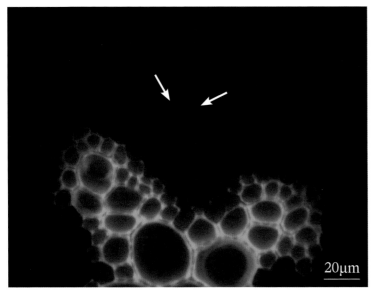

毛茛科植物毛茛 *Ranunculus japonicus* 根横切面（示凯氏点，荧光）

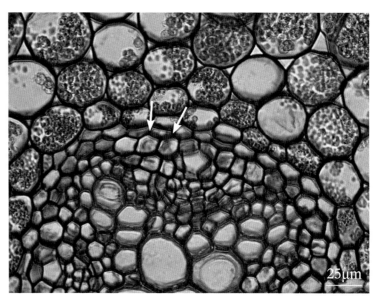

毛茛科植物毛茛 *Ranunculus japonicus* 根横切面（示凯氏点）

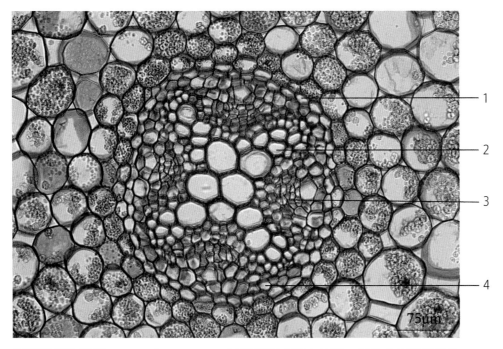

毛茛科植物毛茛 *Ranunculus japonicus* 根横切面（示中柱鞘、初生木质部和初生韧皮部）

1. 内皮层；2. 初生木质部；3. 初生韧皮部；4. 中柱鞘

三、 | 维管柱

根的内皮层以内的所有组织构造统称为维管柱，在横切面上占较小面积。维管柱结构比较复杂，通常包括中柱鞘、初生木质部和初生韧皮部，少数双子叶植物还具有髓部。多数双子叶植物的中柱鞘通常由 1 层薄壁细胞构成，少数由 2 层至多层细胞构成。中柱鞘细胞个体较大、排列整齐。一般初生木质部分为数束，横切面上呈星角状，与初生韧皮部相间排列，是根的初生构造特点。根的初生木质部和初生韧皮部分化成熟的顺序是自外向内的，称外始式。在同一根内，初生韧皮部束的数目和初生木质部束的数目相同。

双子叶植物根的次生生长和次生构造

　　大多数双子叶植物和裸子植物的根在完成初生生长形成初生结构后，开始出现次生分生组织（维管形成层和木栓形成层），进而产生次生组织，由这些组织所形成的结构叫次生构造。

一、 根的次生生长

（一） 形成层的产生及其活动

　　当初生结构中的后生木质部导管即将分化成熟时，在初生木质部和初生韧皮部之间的一些薄壁细胞首先恢复分生能力，形成弧形的形成层片段，接着形成层片段逐渐向两侧扩展。随后，初生木质部放射棱顶端的中柱鞘细胞也恢复分生能力，转变为形成层细胞，从而使形成层带连成1个凹凸相间的环状。由于在初生木质部与初生韧皮部之间的形成层细胞先切向分裂，向内产生次生木质部，向外产生次生韧皮部，且产生的次生木质部细胞比次生韧皮部的数量多，从而将凹入部分的形成层向外推移，结果使形成层环在横切面上逐渐成为圆形。

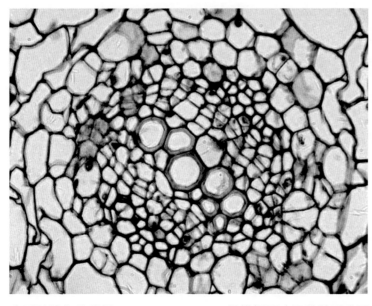

伞形科植物北柴胡 *Bupleurum chinense* 根横切面（示维管形成层呈弧形）

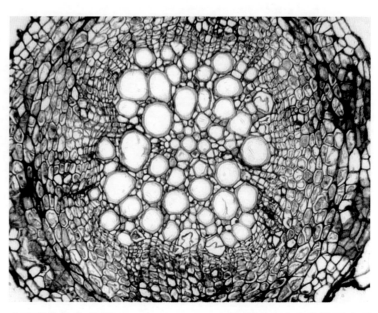

伞形科植物北柴胡 *Bupleurum chinense* 根横切面（示维管形成层呈圆形）

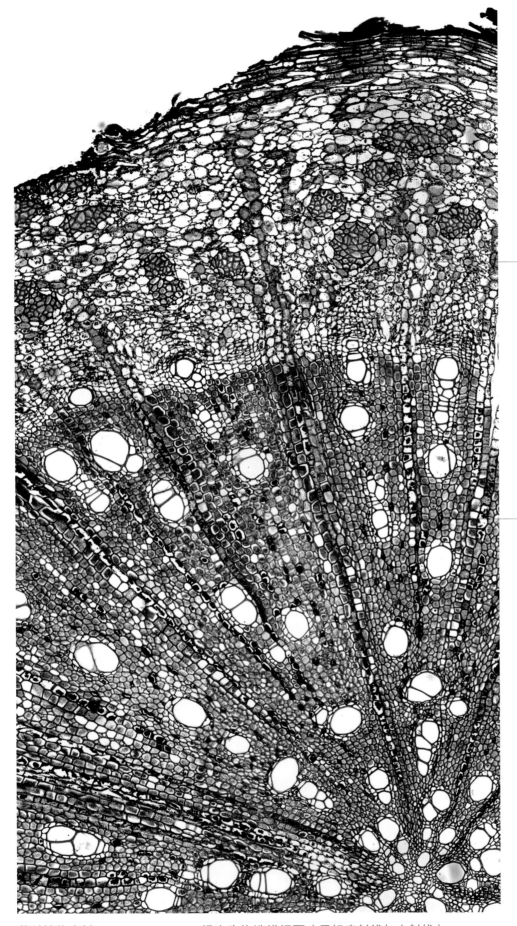

形成层环成圆形后，各部分形成层细胞的分裂速度趋于一致。形成层细胞活动时，在一定部位也分生一些薄壁细胞，这些薄壁细胞沿径向延长，呈辐射状排列，贯穿于次生维管组织中，称为维管射线。其中在次生木质部的称木射线，在次生韧皮部的称韧皮射线，两者合称为维管射线，具有水平方向运输水分和营养物质的功能。

1

2

注

虎杖来源于蓼科植物虎杖 *Polyponum cuspidatum* 的干燥根状茎和根。据《中国植物志》，该学名已作为 *Reynoutria japonica* 的异名。

蓼科植物虎杖 *Reynoutria japonica* 根次生构造横切面（示韧皮射线与木射线）
1. 韧皮射线；2. 木射线

蓼科植物虎杖 *Reynoutria japonica*

（二） 木栓形成层的发生与周皮的形成

由于次生生长使根不断地加粗，外侧的表皮及部分皮层因不能相应加粗而被破坏，此时，中柱鞘细胞恢复分生能力，形成木栓形成层。木栓形成层进行切向分裂，向外产生多层木栓细胞形成木栓层，向内产生栓内层。木栓层、木栓形成层、栓内层三者合称周皮。周皮形成后，其外方的各种组织（表皮和皮层）由于失去内部水分和营养的供应而全部枯死，因此，一般根的次生构造中没有表皮和皮层，而被周皮所取代。

木栓层细胞在横切面上多呈扁平状，排列整齐，往往多层相叠，细胞壁木栓化，呈褐色；栓内层为数层薄壁细胞，排列较疏松。

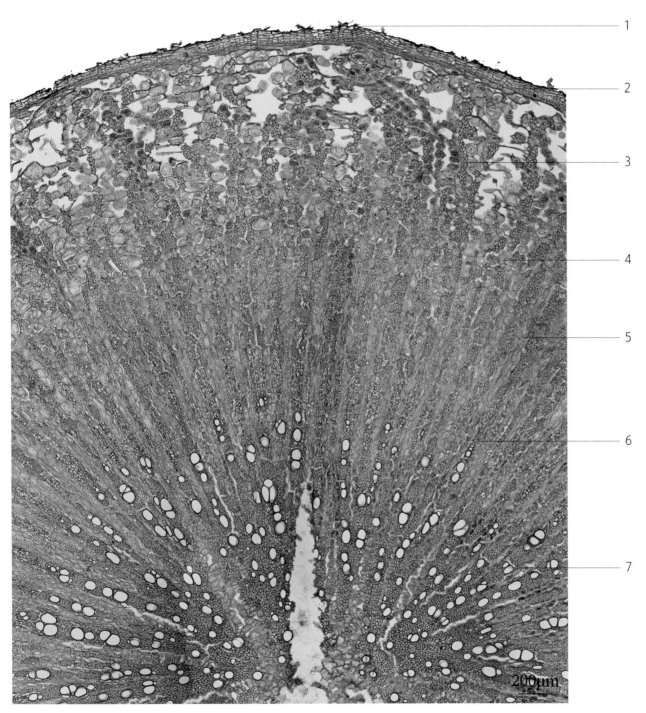

200μm

豆科植物蒙古黄芪 *Astragalus membranaceus* var. *mongholicus* 根横切面
1. 木栓层；2. 栓内层；3. 纤维束；4. 次生韧皮部；5. 韧皮射线；6. 维管形成层；7. 次生木质部

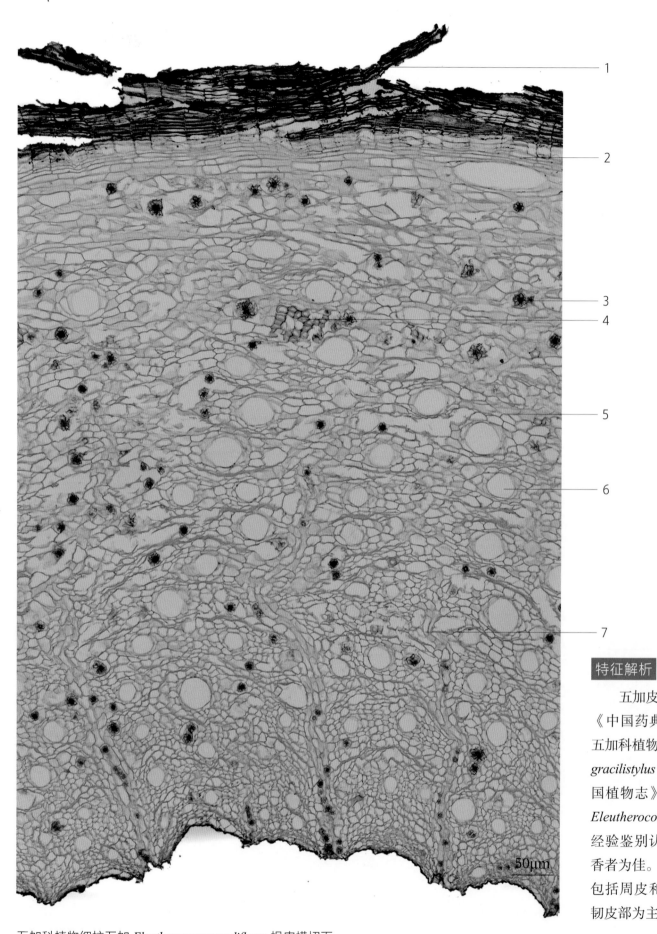

1
2
3
4
5
6
7

50μm

五加皮，载于《神农本草经》。《中国药典》规定五加皮来源于五加科植物细柱五加 *Acanthopanax gracilistylus* 的干燥根皮。据《中国植物志》，该学名已被修订为 *Eleutherococcus nodiflorus*。传统经验鉴别认为五加皮以皮厚、气香者为佳。"皮厚"即指根皮厚实，包括周皮和次生韧皮部，以次生韧皮部为主体。

特征解析

五加科植物细柱五加 *Eleutherococcus nodiflorus* 根皮横切面
1. 木栓层；2. 栓内层；3. 草酸钙簇晶；4. 韧皮纤维；5. 次生韧皮部；6. 分泌道；7. 韧皮射线

药用植物显微图鉴

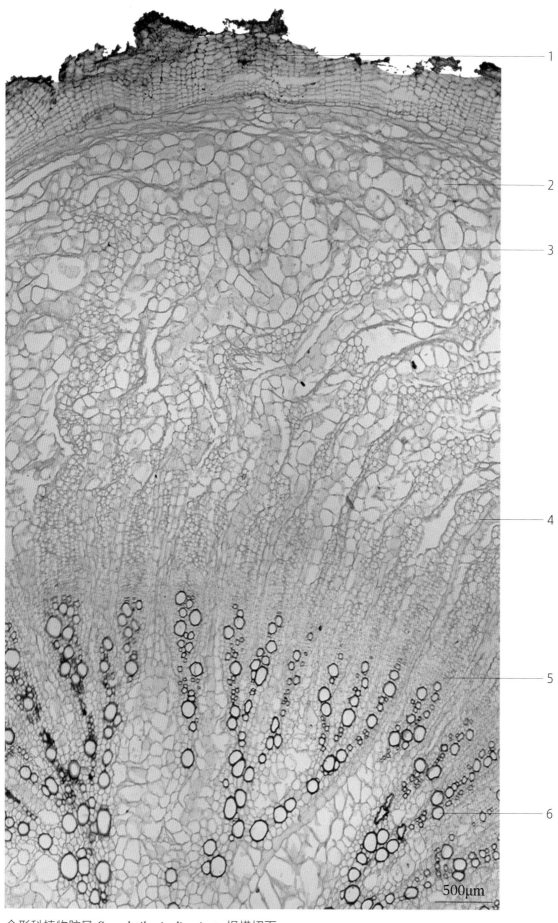

500μm

伞形科植物防风 *Saposhnikovia divaricata* 根横切面

1. 周皮；2. 分泌道；3. 次生韧皮部；4. 维管射线；5. 维管形成层；6. 次生木质部

二、 根的次生构造

根的次生构造包括次生维管组织（次生韧皮部、维管形成层、次生木质部）和周皮。

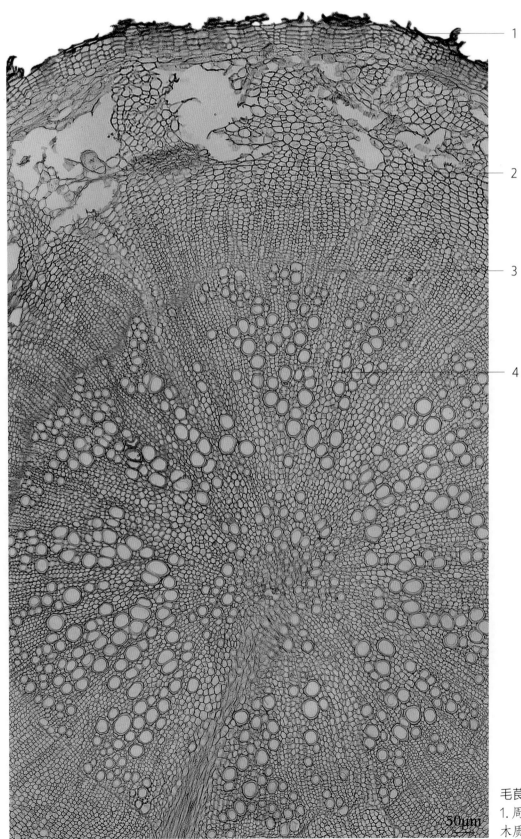

1

2

3

4

毛茛科植物白头翁 *Pulsatilla chinensis* 根横切面
1. 周皮；2. 次生韧皮部；3. 维管形成层；4. 次生木质部

50μm

毛茛科植物白头翁 *Pulsatilla chinensis* 根

在根的次生生长过程中不断产生侧根，形成根系。侧根起源于中柱鞘，当侧根形成时，中柱鞘相应部位的细胞发生变化，细胞质变浓，液泡变小，重新恢复分裂能力。

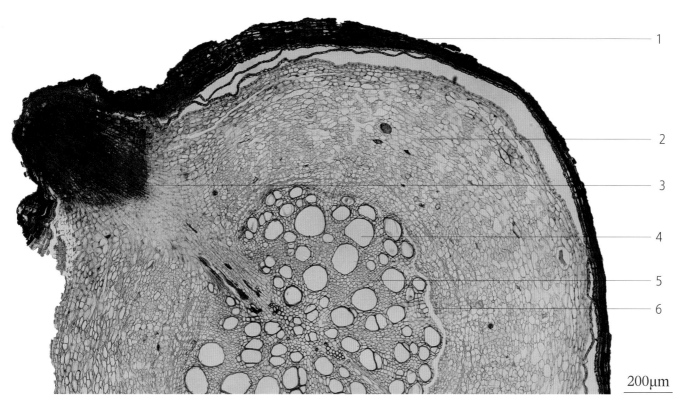

桑科植物桑 *Morus alba* 根横切面（示双子叶植物侧根）
1. 周皮；2. 次生韧皮部；3. 根迹维管束；4. 次生木质部；5. 维管射线；6. 维管形成层

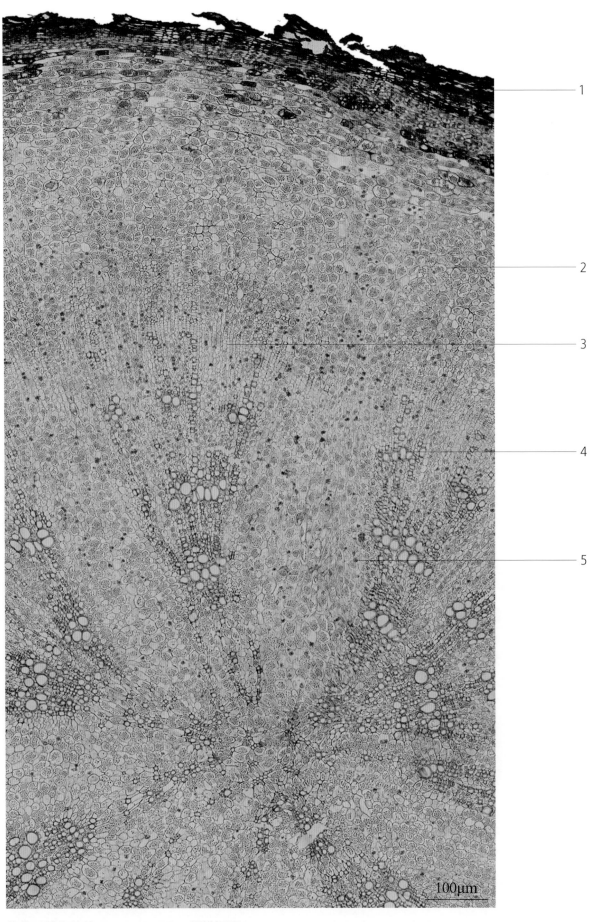

1

2

3

4

5

100μm

芍药科植物芍药 *Paeonia lactiflora* 根横切面

1.周皮；2.次生韧皮部；3.维管形成层；4.次生木质部；5.草酸钙簇晶

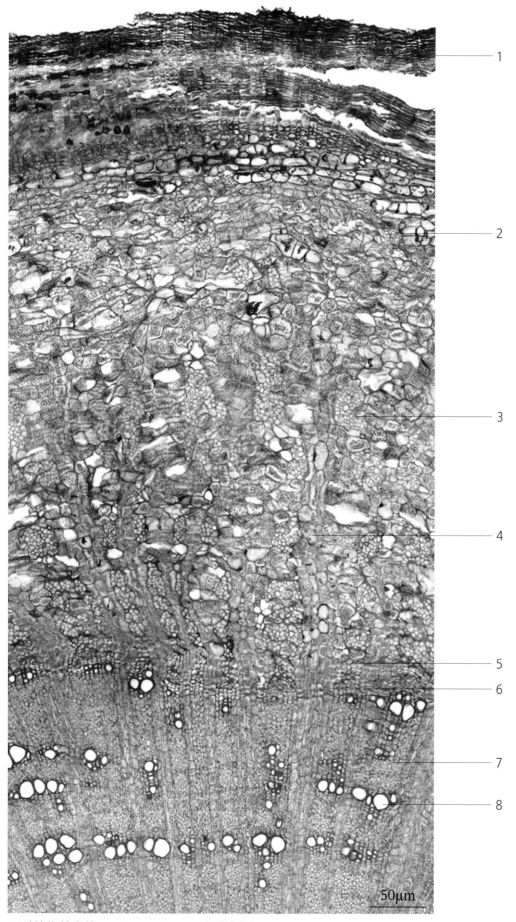

豆科植物越南槐 *Sophora tonkinensis* 根横切面
1.周皮；2.晶鞘纤维束；3.韧皮纤维束；4.韧皮射线；5.次生韧皮部；6.维管形成层；7.木纤维束；8.导管

50μm

特征解析

　　山豆根来源于豆科植物越南槐 *Sophora tonkinensis* 的根和根状茎。在根横切面上可见：根的次生韧皮部外侧有含晶细胞，断续环绕形成含晶细胞环，每个含晶细胞中可含 2~8 个方晶，有隔膜将每个结晶分开，细胞壁不均匀木化增厚；含晶细胞中不含淀粉粒。次生韧皮部散有晶鞘纤维束。纤维束周围的薄壁细胞中含草酸钙方晶。

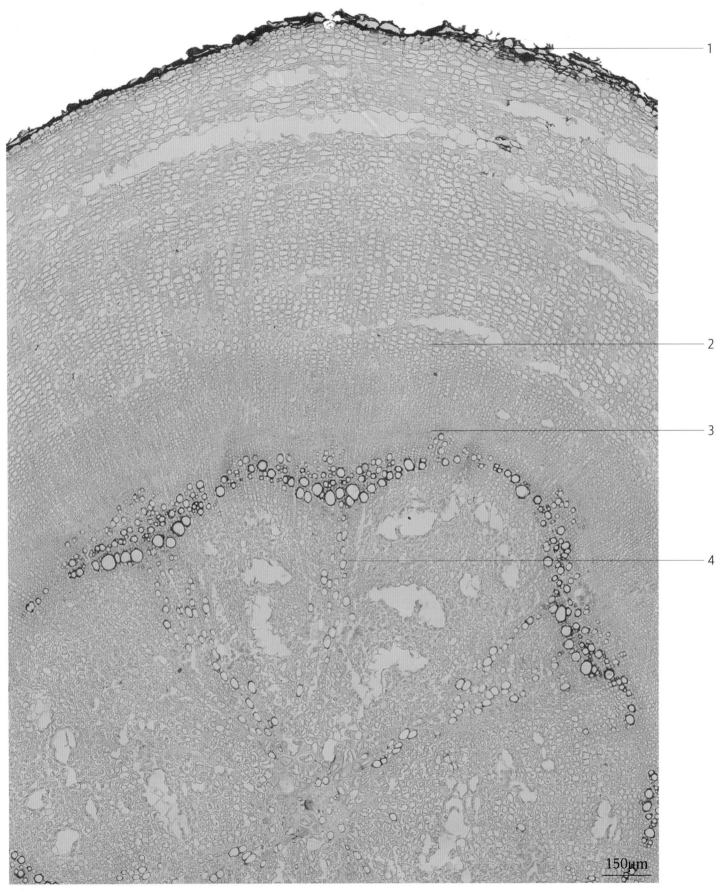

1

2

3

4

150μm

唇形科植物丹参 *Salvia miltiorrhiza* 根横切面
1. 周皮；2. 次生韧皮部；3. 维管形成层；4. 次生木质部

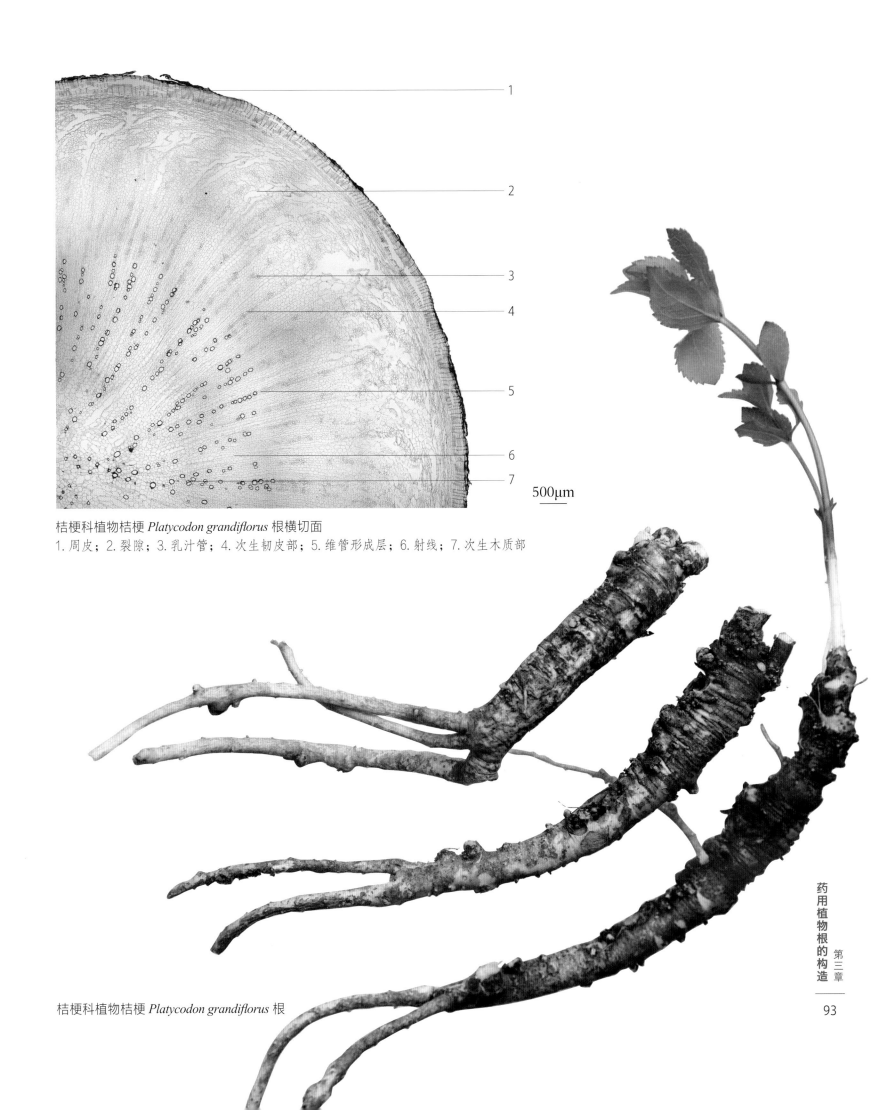

1
2
3
4
5
6
7

500μm

桔梗科植物桔梗 *Platycodon grandiflorus* 根横切面
1.周皮；2.裂隙；3.乳汁管；4.次生韧皮部；5.维管形成层；6.射线；7.次生木质部

桔梗科植物桔梗 *Platycodon grandiflorus* 根

1

2

3

4

5

菊科植物蒲公英 *Taraxacum mongolicum*
根横切面

1. 周皮；2. 乳管群；3. 次生韧皮部；
4. 维管形成层；5. 次生木质部

以 5% 香草醛 - 冰醋酸和高氯酸混合试剂作为显色剂，滴入北柴胡一年生根的初生结构中，表皮、皮层及初生木质部细胞无显色反应，而中柱鞘、初生韧皮部细胞染成淡红色；在具有次生结构的根中，维管形成层和次生韧皮部被染成红色，其余组织不显色；在红柴胡根中，维管形成层被染成紫红色，次生韧皮部以及次生木质部内靠近维管形成层的部分木薄壁组织细胞呈淡红色，其余组织不显色。经 70% 乙醇配制的 FAA 固定液处理后的北柴胡根作为对照材料，发现各组织与皂苷显色剂不产生显色反应。

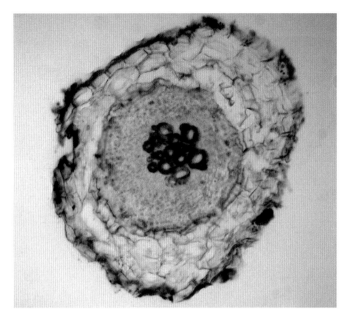

伞形科植物北柴胡 *Bupleurum chinense* 一年生幼根中皂苷类化合物的组织化学定位

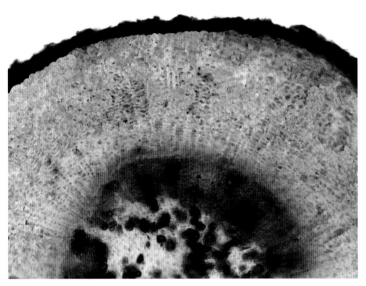

伞形科植物北柴胡 *Bupleurum chinense* 一年生成熟根中皂苷类化合物的组织化学定位

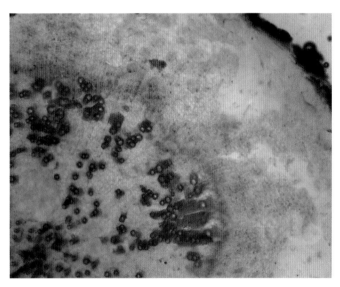

伞形科植物北柴胡 *Bupleurum chinense* 二年生根中皂苷类化合物的组织化学定位

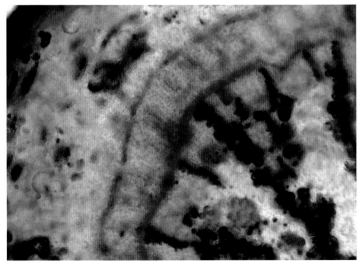

伞形科植物红柴胡 *Bupleurum scorzonerifolium* 根中皂苷类化合物的组织化学定位

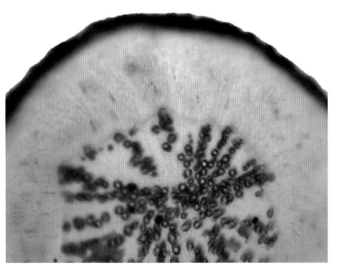

伞形科植物北柴胡 *Bupleurum chinense* 根中皂苷类化合物的组织化学定位阴性对照（无显色反应）

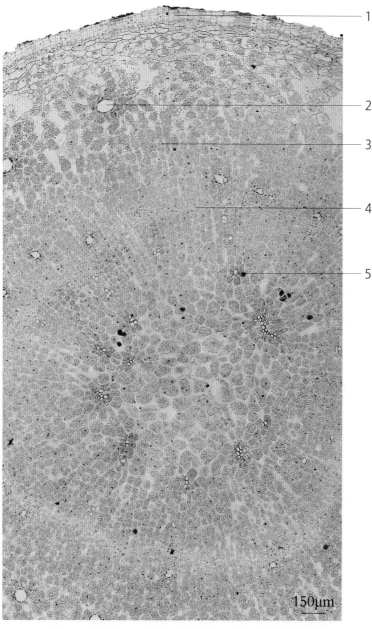

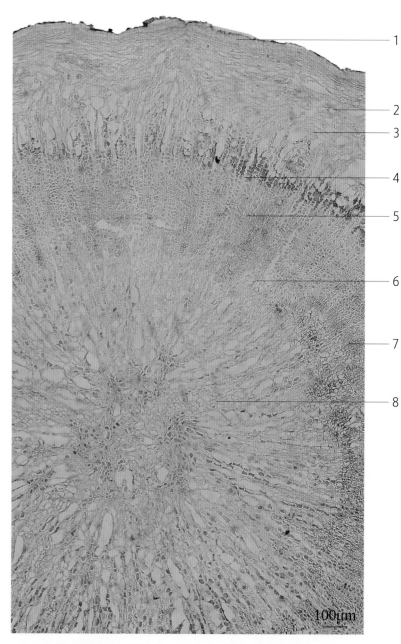

五加科植物西洋参 *Panax quinquefolius* 一年生根横切面
1. 周皮；2. 树脂道；3. 次生韧皮部；4. 维管形成层；5. 次生木质部

五加科植物西洋参 *Panax quinquefolius* 二年生根横切面
1. 周皮；2. 树脂道；3. 次生韧皮部；4. 韧皮射线；5. 维管形成层；6. 次生木质部；7. 导管；8. 木薄壁细胞

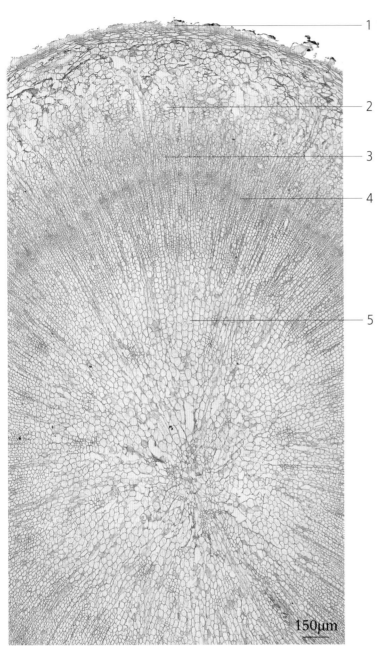

五加科植物西洋参 *Panax quinquefolius* 三年生根横切面
1. 周皮；2. 树脂道；3. 次生韧皮部；4. 维管形成层；5. 次生木质部

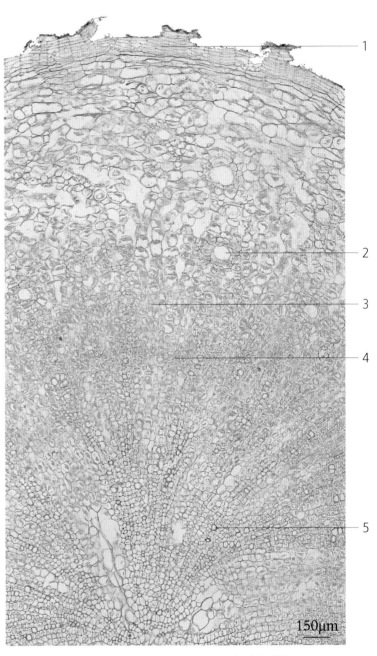

五加科植物西洋参 *Panax quinquefolius* 四年生根横切面
1. 周皮；2. 树脂道；3. 次生韧皮部；4. 维管形成层；5. 次生木质部

特征比较

　　1~4 年生西洋参主根的结构主体一致，不同年限的主根结构区别在于次生韧皮部中分泌道的圈数及次生木质部中导管群的数目。其中，次生木质部中导管群在径向排列上的数目随年限的增加相应有所增加。

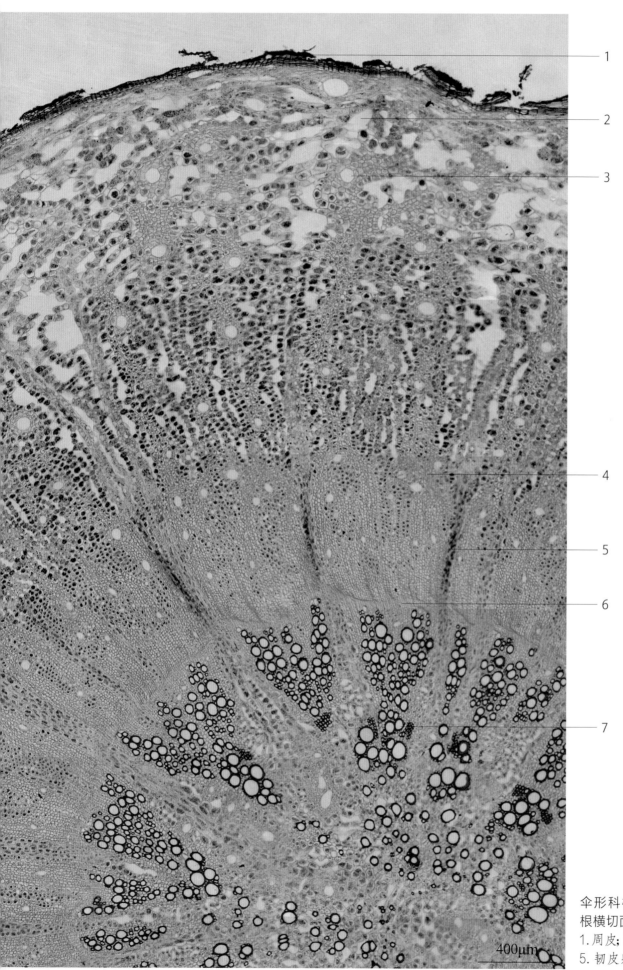

伞形科植物前胡 *Peucedanum praeruptorum*
根横切面（未抽薹）
1.周皮；2.裂隙；3.分泌道；4.次生韧皮部；
5.韧皮射线；6.形成层；7.次生木质部

400μm

1

2

3

4

5

6

7

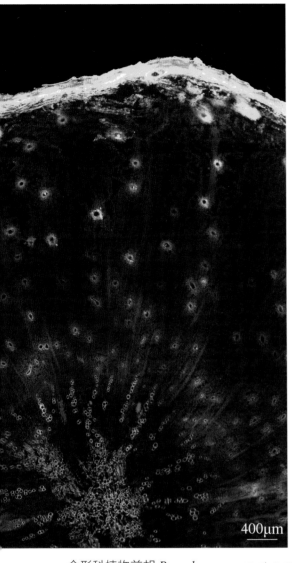

伞形科植物前胡 *Peucedanum praeruptorum* 根横切面（未抽薹，荧光）

伞形科植物前胡 *Peucedanum praeruptorum* 根横切面（未抽薹，偏光）

按语

前胡，载于《名医别录》。《本草撮要》曰："内有硬者，名雄前胡，须拣去。"《本草从新》曰："内有硬者，名雄前胡，须拣去勿用。"前胡为多年生一次性开花植物，抽薹后开花结果，根开始木质化，坚硬如柴，即本草所称"雄前胡"。

前胡根中分泌道含有丰富的香豆素类成分，在荧光显微镜下可见分泌道自发荧光。

伞形科植物前胡 *Peucedanum praeruptorum*（未抽薹）

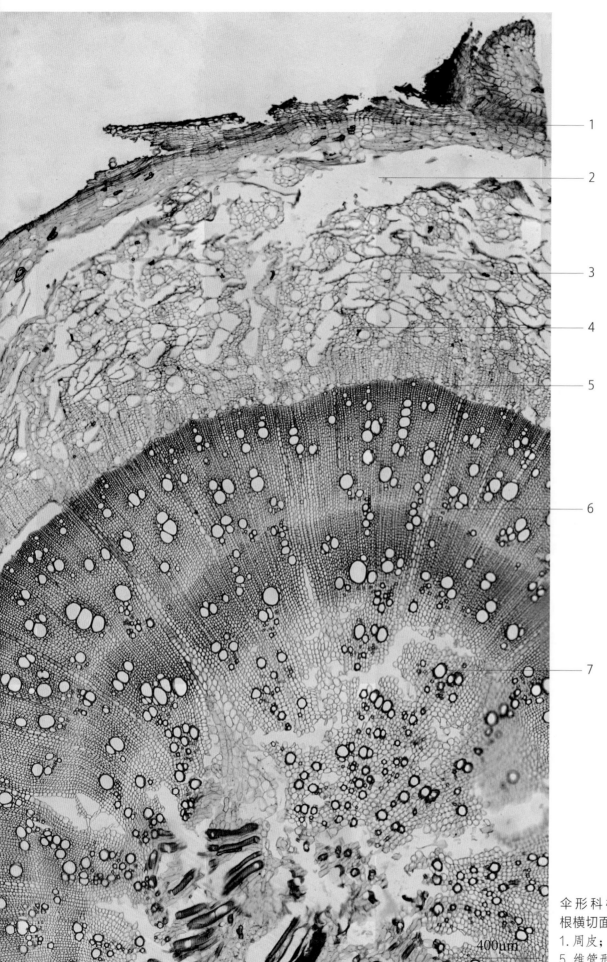

伞形科植物前胡 *Peucedanum praeruptorum*
根横切面（抽薹后）
1. 周皮；2. 裂隙；3. 分泌道；4. 次生韧皮部；
5. 维管形成层；6. 木射线；7. 次生木质部

400um

伞形科植物前胡 *Peucedanum praeruptorum* 根横切面（抽薹后，荧光）

伞形科植物前胡 *Peucedanum praeruptorum* 根横切面（抽薹后，偏光）

特征比较

　　"未抽薹"前胡的根与"抽薹后"前胡的根横切面次生构造发生变化："未抽薹"前胡根的次生韧皮部宽广，散有多数分泌道及裂隙，次生木质部狭窄，木射线宽广；"抽薹后"前胡根的次生韧皮部较窄，分泌道较大，裂隙增多，次生木质部宽广，木射线细胞木质化。

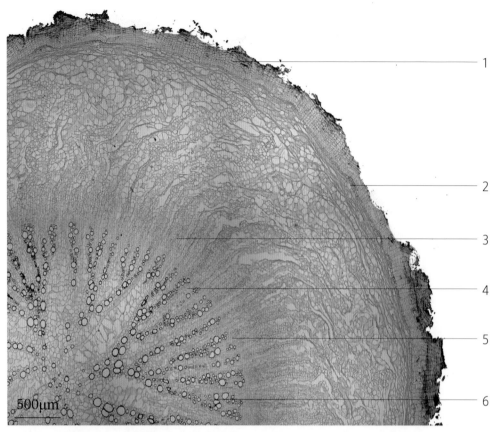

伞形科植物防风 *Saposhnikovia divaricata* 根
横切面（未抽薹）
1.周皮；2.分泌道；3.次生韧皮部；4.木射线；
5.维管形成层；6.次生木质部

500μm

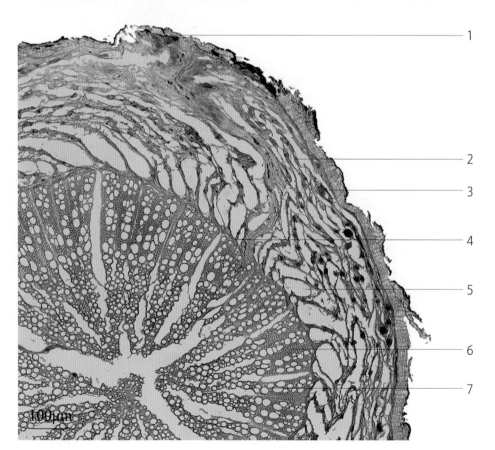

伞形科植物防风 *Saposhnikovia divaricata* 根
横切面（抽薹后）
1.周皮；2.次生韧皮部；3.分泌道；4.维管
形成层；5.裂隙；6.木射线；7.次生木质部

100μm

特征比较

伞形科植物防风与前胡均是多年生一次性开花植物，两者的根在抽薹前后次生构造发生变化规律基本一致。

部分双子叶植物根中"生长轮"结构

多年生木本植物茎具生长轮结构，同样，在部分双子叶植物根的横切面次生木质部中亦发现"生长轮"结构。木本植物，如樟科植物乌药的块根中有明显的"生长轮"。

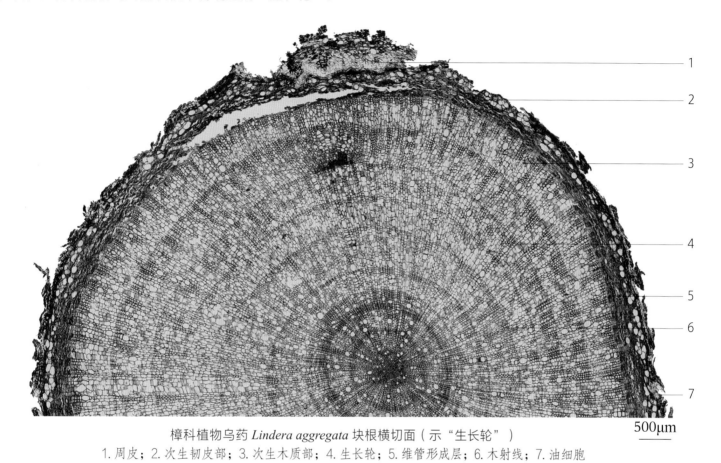

1

2

3

4

5

6

7

樟科植物乌药 *Lindera aggregata* 块根横切面（示"生长轮"）
1.周皮；2.次生韧皮部；3.次生木质部；4.生长轮；5.维管形成层；6.木射线；7.油细胞

500μm

部分多年生草本植物根中具有"生长轮"。如山东菏泽的芍药为种子繁殖，1~4年生的芍药根中生长轮与其生长年限一致。亳州栽培的芍药为根头部（狗头）繁殖，一年生根中未见生长轮，二年生根中有1圈生长轮，三年生根中有2圈生长轮，四年生根中有3圈生长轮。

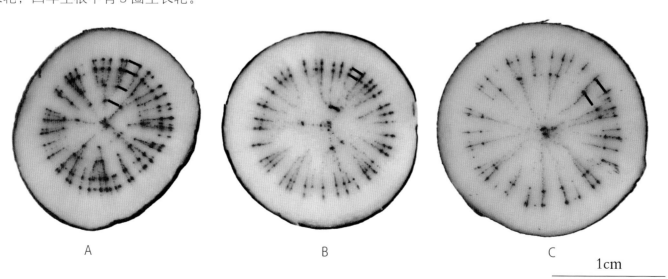

A

B

C

1cm

芍药科植物芍药 *Paeonia lactiflora*（亳白芍）不同年限根断面（间苯三酚－浓盐酸试剂显色）
A.五年生根；B.四年生根；C.三年生根

芍药科植物芍药 *Paeonia lactiflora*

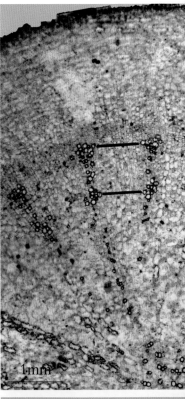

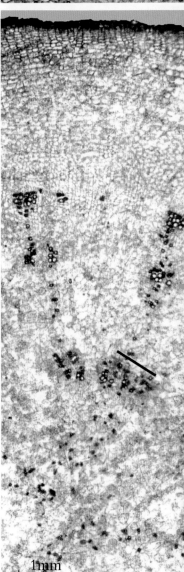

芍药科植物芍药 *Paeonia lactiflora*（亳白芍）根系

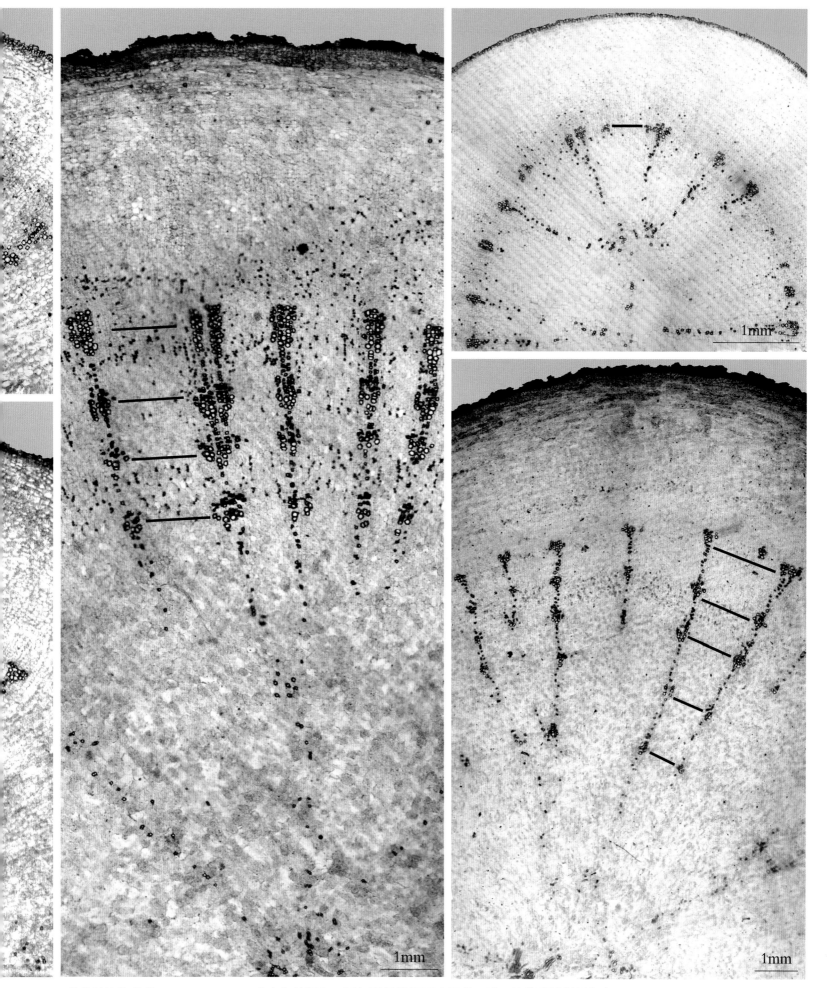

芍药科植物芍药 *Paeonia lactiflora*（山东菏泽）不同年限根横切面（间苯三酚－浓盐酸试剂显色）

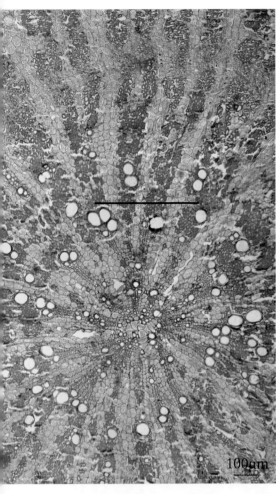

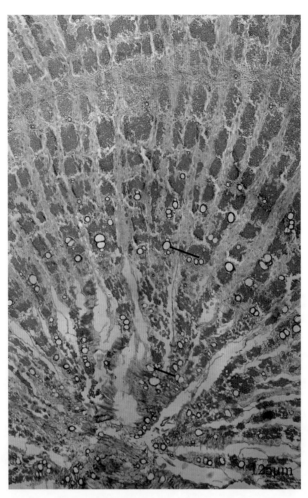

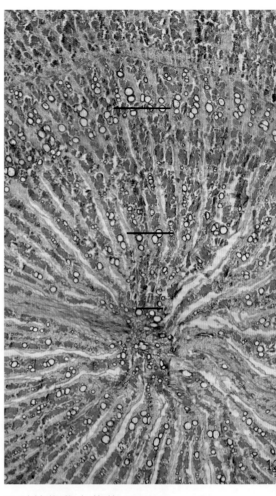

豆 科 植 物 蒙 古 黄 芪 *Astragalus membranaceus* var. *mongholicus* 一年生根横切面

豆 科 植 物 蒙 古 黄 芪 *Astragalus membranaceus* var. *mongholicus* 二年生根横切面

豆 科 植 物 蒙 古 黄 芪 *Astragalus membranaceus* var. *mongholicus* 三年生根横切面

按语

山西仿野生栽培的蒙古黄芪根中有清晰的生长轮结构。当地有经验的药农可通过"生长轮"判别黄芪根的生长年限。

豆科植物蒙古黄芪 *Astragalus membranaceus* var. *mongholicus* 根断面

豆 科 植 物 蒙 古 黄 芪 *Astragalus
membranaceus* var. *mongholicus* 四 年
生根横切面

豆 科 植 物 蒙 古 黄 芪 *Astragalus
membranaceus* var. *mongholicus* 五 年 生
根横切面

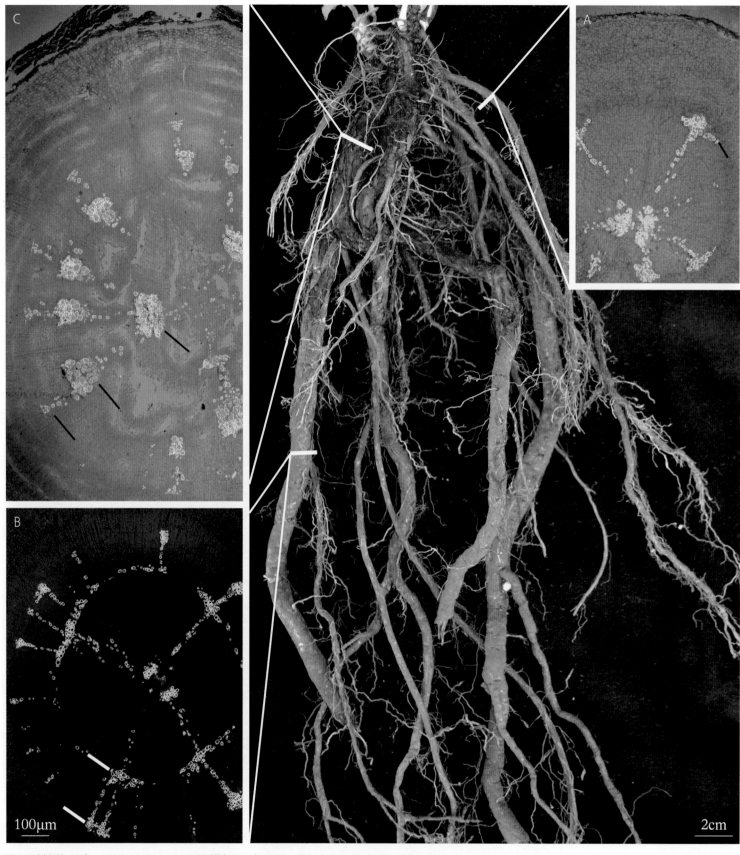

唇形科植物丹参 *Salvia miltiorrhiza* 根横切面（示同一根系不同根中生长轮，荧光）

A. 丹参一年生根横切面（荧光）；B. 丹参二年生根横切面（荧光）；C. 丹参三年生根横切面（荧光）

特征解析

丹参植物根中具有清晰的生长轮。在同一根系中，不同根的生长年限可能不同，根的不同部位其生长年限也可能不同。

（三）　双子叶植物根不同部位次生构造连续变化

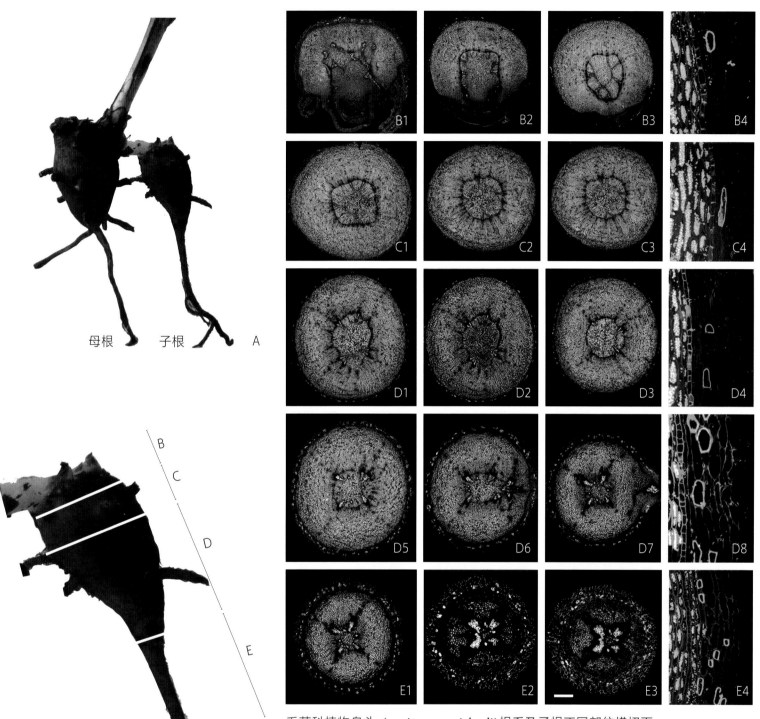

毛茛科植物乌头 *Aconitum carmichaelii* 根系及子根不同部位横切面

B1、B2、B3. 附子块根顶部横切面的连续变化（偏光）；C1、C2、C3. 附子块根中部横切面的连续变化（偏光）；D1、D2、D3、D5、D6、D7. 附子块根中下部横切面的连续变化（偏光）；E1、E2、E3. 附子块根末端根切面的连续变化（偏光）；B4、C4、D4、D8、E4. 相应部位的石细胞（荧光）

特征解析

　　毛茛科植物乌头块根的次生结构中，随块根的位置不同，皮层细胞的宽幅、石细胞、内皮层、维管柱的比例等均呈现一定的变化规律。

双子叶植物根的异常构造

　　一些双子叶植物的根除正常的次生结构外，还会产生一些异型的维管束结构，例如产生额外的维管束以及附加维管柱、木间木栓等，形成根的异常构造，也称"三生构造"。常见的有同心环状排列的异常维管组织、附加维管柱、木间木栓等。

（一）　同心环状排列的异常维管组织

　　有些双子叶植物根的初生生长和早期次生生长都是正常的，当正常的次生生长发育到一定阶段，次生维管柱的外围又形成多轮呈同心环状排列的异常维管组织。

　　在同一种植物中，根的直径愈粗，每轮异常维管束的数目愈多。

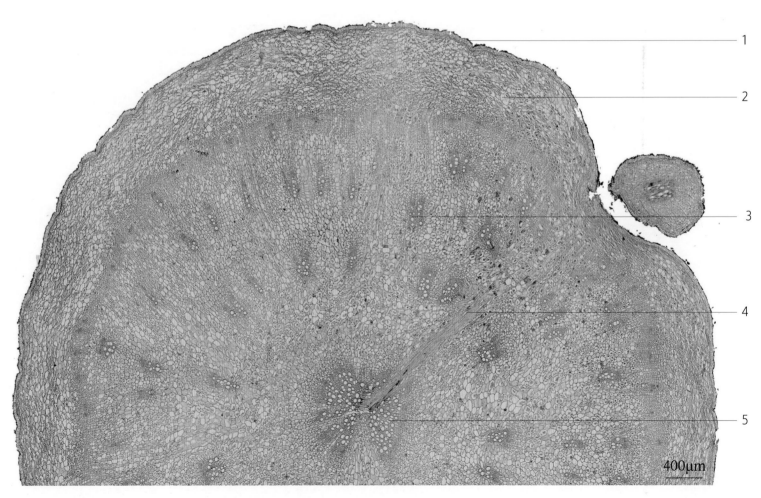

苋科植物牛膝 *Achyranthes bidentata* 根横切面（示同心环状排列的异常维管组织）
1. 周皮；2. 皮层；3. 异常维管束；4. 根迹维管束；5. 正常维管束

牛膝，载于《神农本草经》，列为中品。《中国药典》规定牛膝来源于苋科植物牛膝 *Achyranthes bidentata* 的干燥根。肉眼可见牛膝根断面中心维管束木部较大，黄白色，其外围散有多数点状维管束，排成2~4轮。前者即为正常维管束，常呈2~3叉状；后者为异常维管束，断续排成2~4轮，最外轮维管束较小，形成层几乎连接成环，向内异常维管束较大。

苋科植物牛膝 *Achyranthes bidentata* 根断面

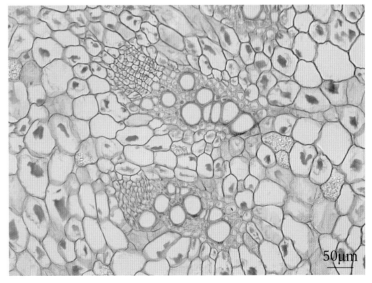

苋科植物牛膝 *Achyranthes bidentata* 根

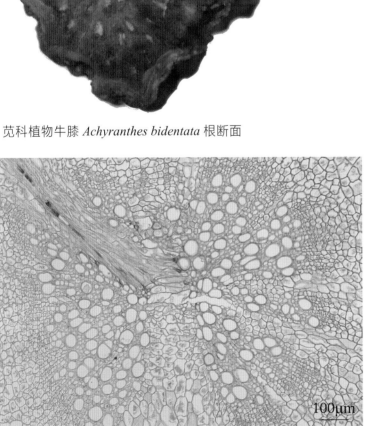

100μm

苋科植物牛膝 *Achyranthes bidentata* 根横切面（示正常维管组织）

50μm

苋科植物牛膝 *Achyranthes bidentata* 根横切面（示异常维管组织）

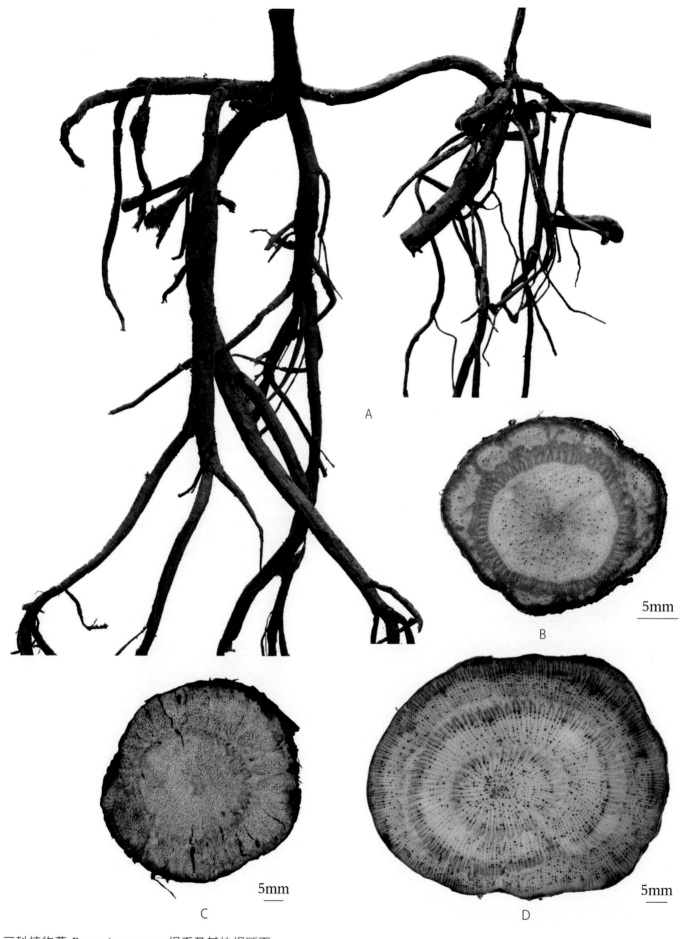

豆科植物葛 *Pueraria montana* 根系及其块根断面

A. 葛的根系；B. 具异常结构的块根断面；C. 输导型根断面；D. 具 2 圈异常维管组织的块根断面（间苯三酚－浓盐酸试剂显色）

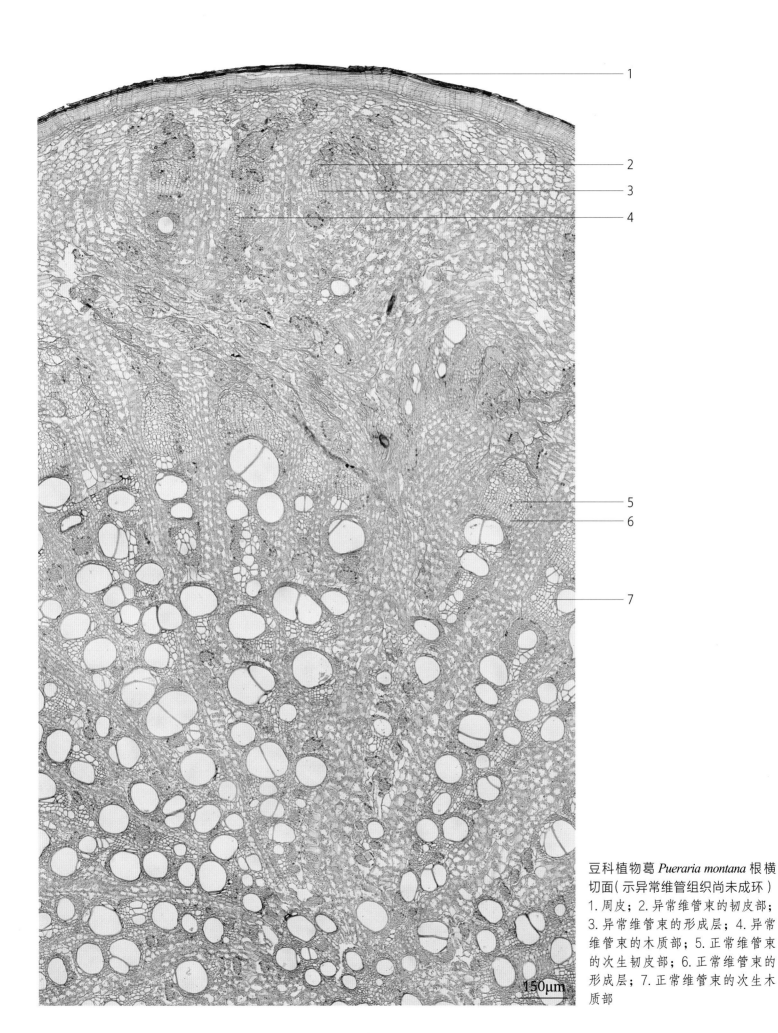

———1

———2
———3
———4

———5
———6

———7

豆科植物葛 *Pueraria montana* 根横切面（示异常维管组织尚未成环）
1.周皮；2.异常维管束的韧皮部；3.异常维管束的形成层；4.异常维管束的木质部；5.正常维管束的次生韧皮部；6.正常维管束的形成层；7.正常维管束的次生木质部

150μm

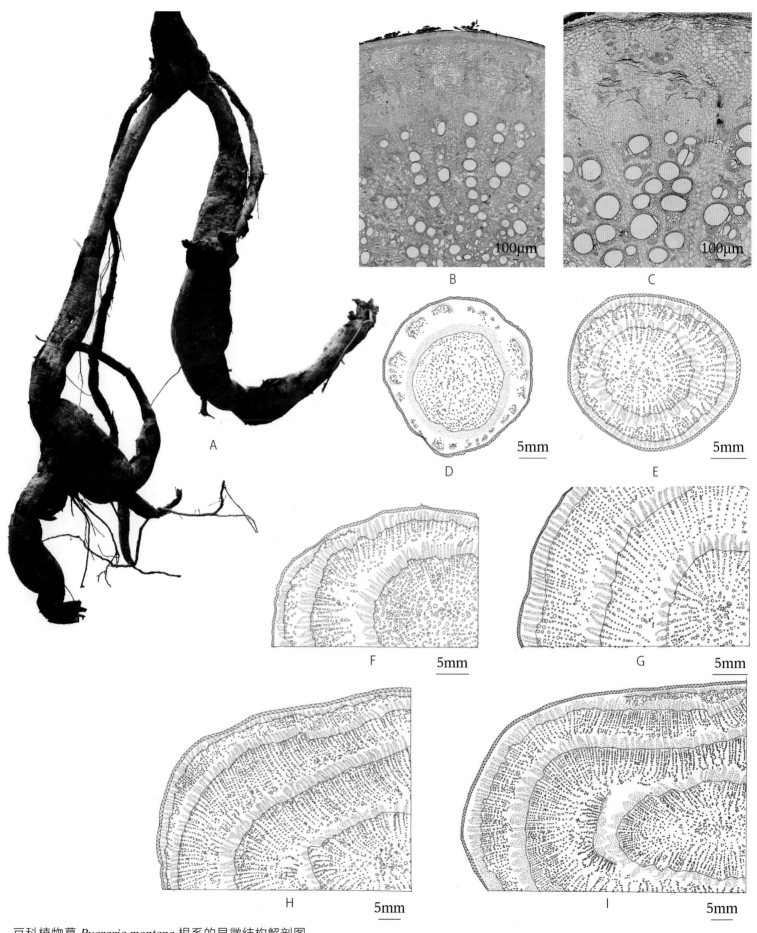

豆科植物葛 *Pueraria montana* 根系的显微结构解剖图

A. 葛的根系；B. 根的次生结构；C. 开始出现异常结构；D. 异常结构间断成环（墨线图）；E、F、G、H. 出现2~4圈异常结构（墨线图）；I. 具有反向生长的异常结构（墨线图）

豆科植物葛 *Pueraria montana*

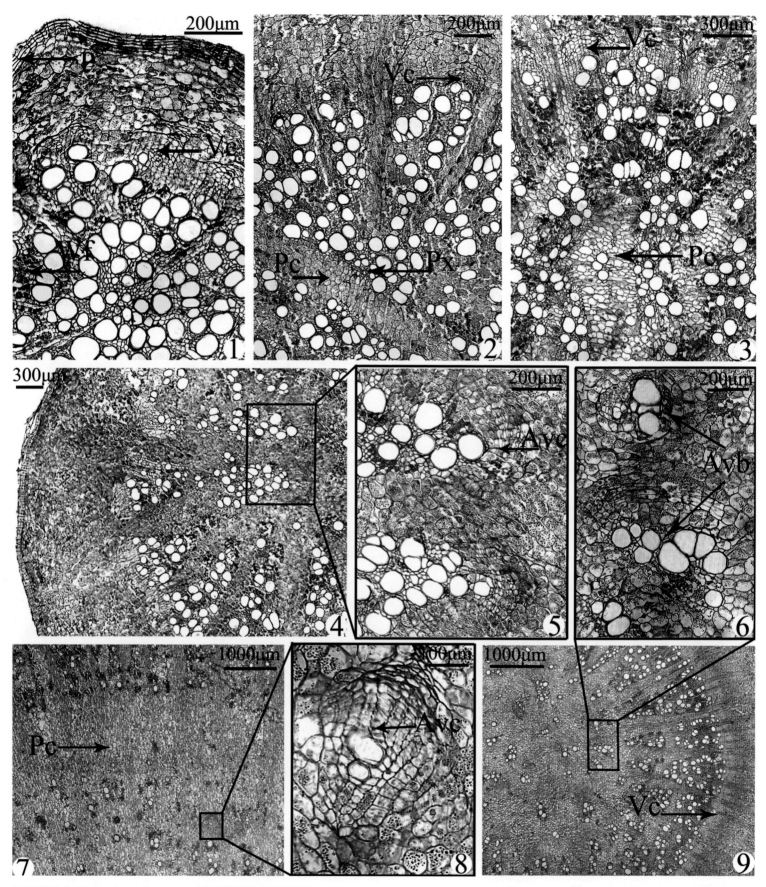

豆科植物苦参 *Sophora flavescens* 根异常构造发育解剖

1. 根的次生构造；2. 根中开始出现异常结构分化；3. 根中央薄壁细胞增多；4. 根中央出现异常维管束；5、6、8. 异常维管束局部放大；7. 次生木质部中产生的异常环带；9. 根中产异常维管束增多；P. 周皮；Vc. 维管形成层；Pc. 薄壁细胞；Px. 初生木质部；Avc. 异常形成层；Avb. 异常维管束；Wf. 木纤维

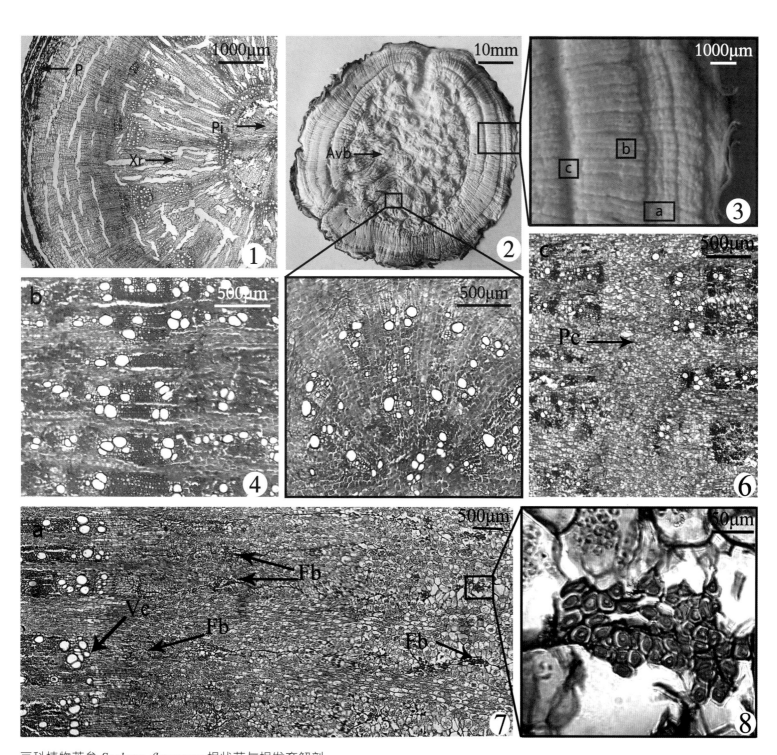

豆科植物苦参 *Sophora flavescens* 根状茎与根发育解剖

1. 苦参根状茎横切面（示次生构造）；2. 苦参根断面（示"环状年轮"）；3. "环状年轮"结构放大图；4、6、7. 分别对应图3中局部显微结构；5. 根中央异常维管束结构；8. 纤维束；P. 周皮；Pc. 薄壁细胞；Vc. 维管形成层；Xr. 木射线；Avb. 异常维管束；Fb. 纤维束；Pi. 髓

（二） 附加维管柱

　　有些双子叶植物如何首乌的块根，在维管柱外围的薄壁组织中能产生新的附加维管柱，形成异常构造。异常维管束有单独的和复合的，其构造与中央维管柱相似。在何首乌块根的断面上形成一些大小不等的云彩样花纹，药材鉴别上

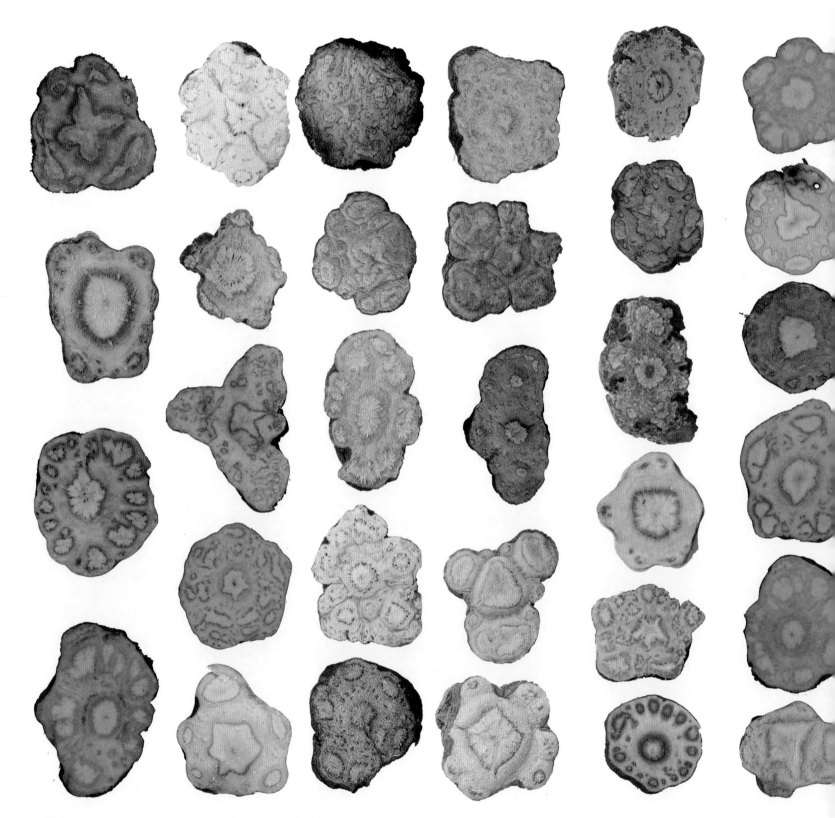

何首乌 *Fallopia multiflora* 块根断面的多种"云锦花纹"

称为"云锦花纹"。何首乌 *Fallopia multiflora* 块根与其变种棱枝何首乌 *Fallopia multiflora* var. *angulata* 块根、毛脉首乌 *Fallopia multiflora* var. *ciliinervis* 根状茎，在断面上结构特征上呈现不同。

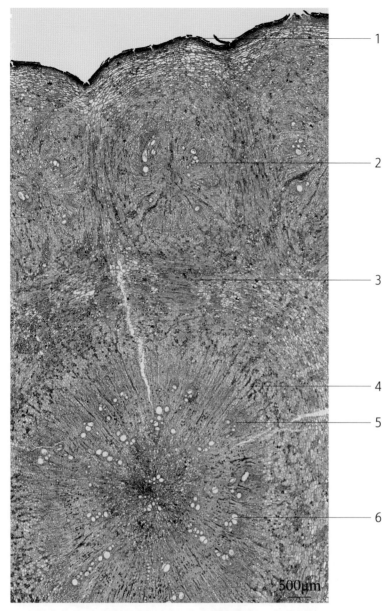

蓼科植物何首乌 *Fallopia multiflora* 块根横切面
1. 周皮；2. 异型维管束；3. 薄壁组织；4. 正常维管束中次生韧皮部；5. 正常维管束中维管形成层；6. 正常维管束中次生木质部

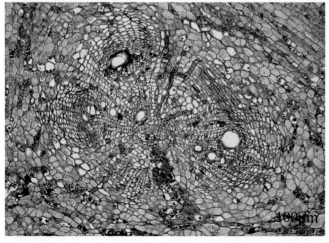

蓼科植物何首乌 *Fallopia multiflora* 块根横切面（示异常维管束）

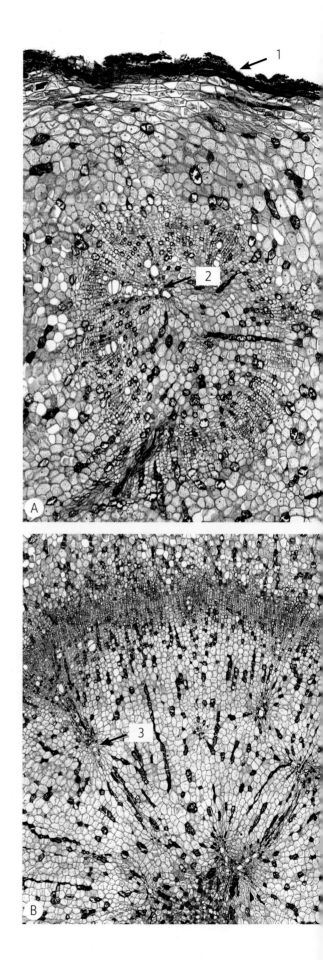

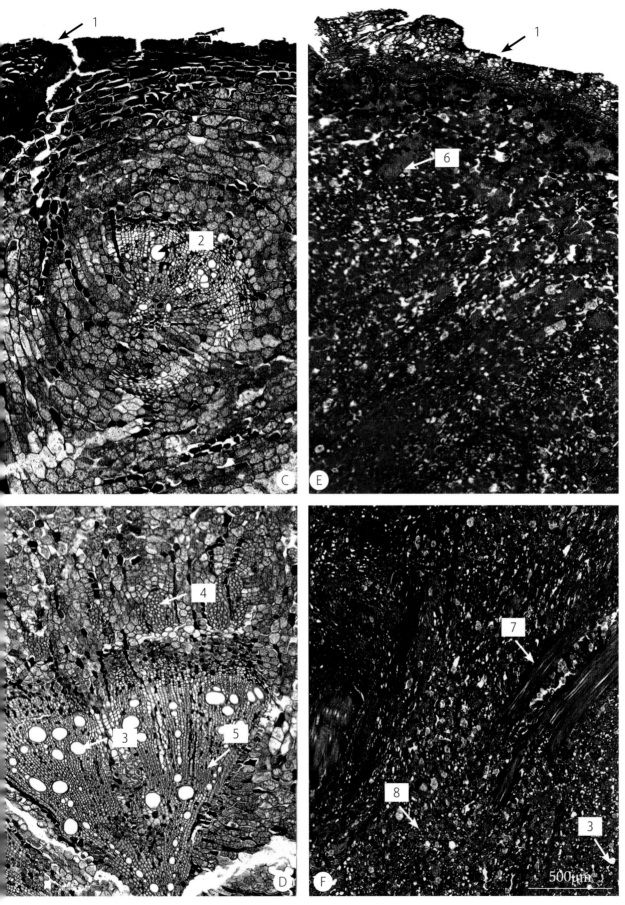

蓼科植物何首乌 *Fallopia multiflora* 块根、棱枝何首乌 *Fallopia multiflora* var. *angulata* 块根与毛脉首乌 *Fallopia multiflora* var. *ciliinervis* 根状茎横切面比较

A、B.何首乌块根横切面；C、D.棱枝何首乌块根横切面；E、F.毛脉首乌根状茎横切面；1.周皮；2.异常维管束；3.木质部；4.韧皮纤维；5.木纤维；6.石细胞；7.根迹维管束；8.髓

（三） 木间木栓

有些双子叶植物的根，在次生木质部内形成木栓带，称为木间木栓或内涵周皮。木间木栓通常由次生木质部薄壁细胞脱分化形成木栓形成层，进一步分裂分化形成木间木栓。

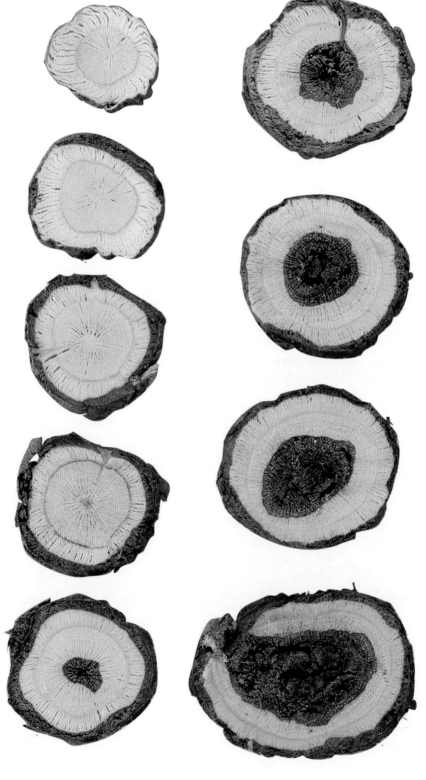

豆科植物蒙古黄芪 *Astragalus membranaceus* var. *mongholicus* 多年生根断面连续变化（示木间木栓和落皮层）

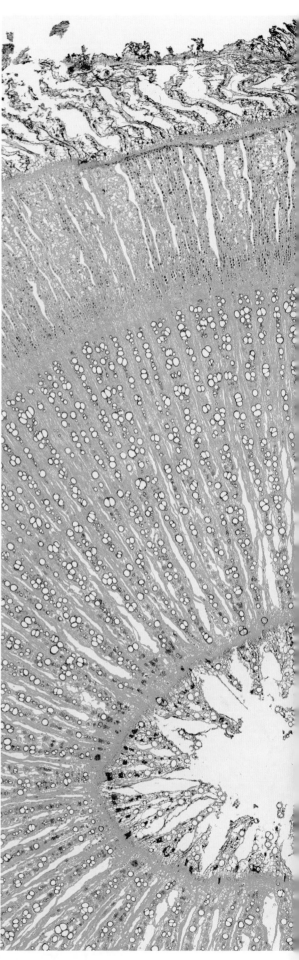

豆科植物蒙古黄芪 *Astragalus membranaceus* var. *mongholicus* 根横切面（示木间木栓和落皮层）

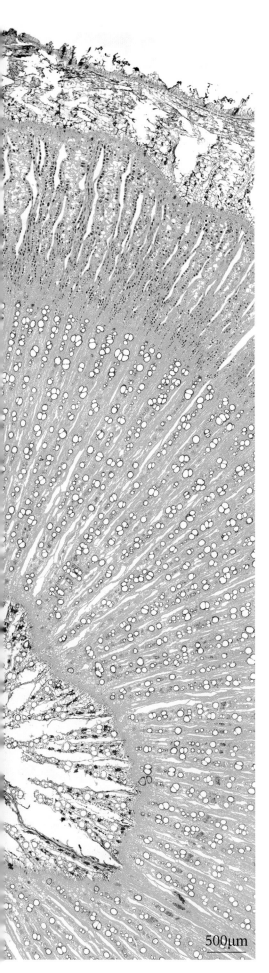

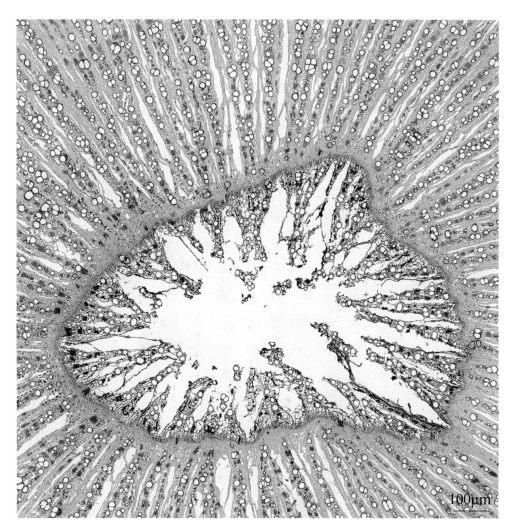

豆科植物蒙古黄芪 *Astragalus membranaceus* var. *mongholicus* 根横切面（示木间木栓）

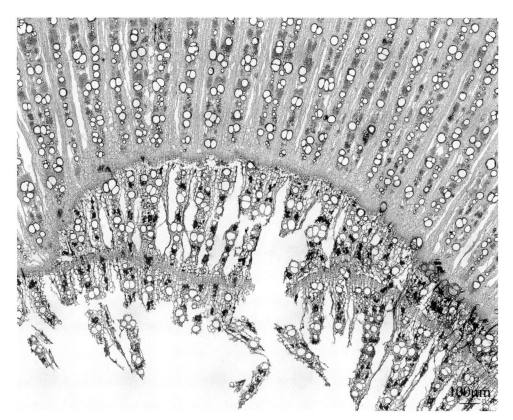

豆科植物蒙古黄芪 *Astragalus membranaceus* var. *mongholicus* 根横切面（示木间木栓）

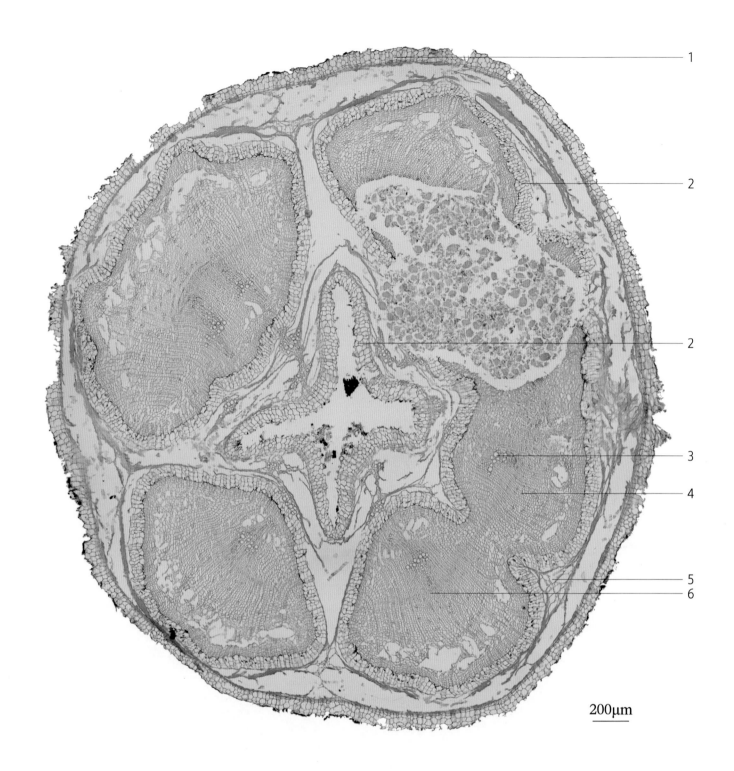

败酱科甘松属 *Nardostachys* sp. 根横切面
1. 周皮；2. 木间木栓层；3. 次生木质部；4. 次生韧皮部；5. 裂隙；6. 维管形成层

200μm

特征解析

　　在甘松根的横切面上，外周为数个同心性的木栓组织环，常脱落，仅剩下最内 1 圈。中柱维管束系统常有数个木栓组织环分割成 2~6 束，每束由数个同心性的木栓组织环包围部分韧皮部与木质部。根的较老部分，由于束间组织死亡裂开而互相脱离，形成若干个独立的束。木栓细胞含黄色或棕黄色挥发油。

单子叶植物根的初生构造

大多数单子叶植物终生仅具初生结构，其根的构造与双子叶植物的初生构造相似，主要由表皮、皮层（外皮层、皮层薄壁组织、内皮层）和维管柱（中柱鞘、初生木质部、初生韧皮部）组成。

一、表皮

表皮细胞1层，寿命较短，在根毛枯死后，常解体而死亡脱落。一些单子叶植物根的表皮分裂成多层细胞，其细胞壁木栓化，形成"根被"。

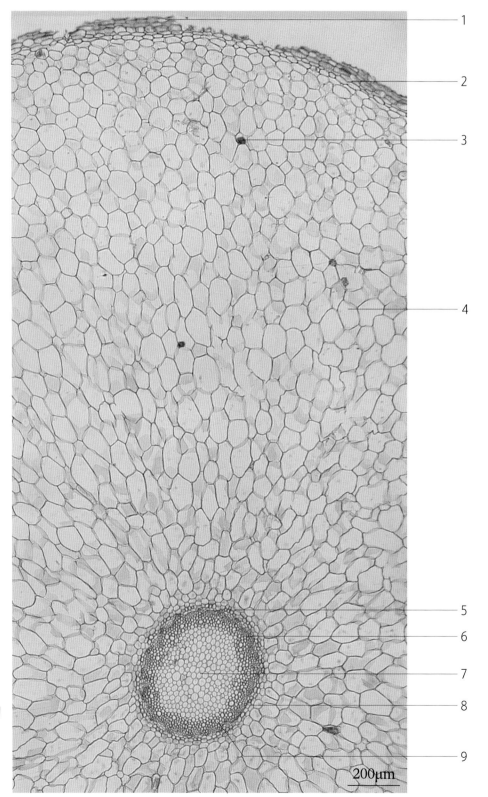

百合科植物麦冬 *Ophiopogon japonicus* 块根初生构造横切面
1. 根被；2. 外皮层；3. 草酸钙针晶；4. 皮层；
5. 内皮层；6. 初生韧皮部；7. 髓；8. 中柱鞘；
9. 初生木质部

200μm

百合科植物麦冬 *Ophiopogon japonicus*

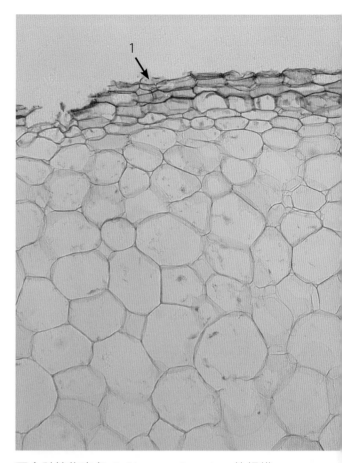

百合科植物麦冬 *Ophiopogon japonicus* 块根横切面（局部放大）
1. 根被；2. 表皮

10mm

百合科植物麦冬 *Ophiopogon japonicus* 块根

特征解析

　　麦冬，载于《神农本草经》，列为上品。《中国药典》规定麦冬来源于百合科植物麦冬 *Ophiopogon japonicus* 的干燥块根。块根的根被为2~5列细胞，外皮层细胞外壁及侧壁微木化；皮层中含草酸钙针晶束的黏液细胞显著小于一般薄壁细胞；内皮层外侧为1~2列石细胞，石细胞内壁及侧壁增厚；内皮层细胞壁全面增厚；初生木质部内侧由木化细胞相连。

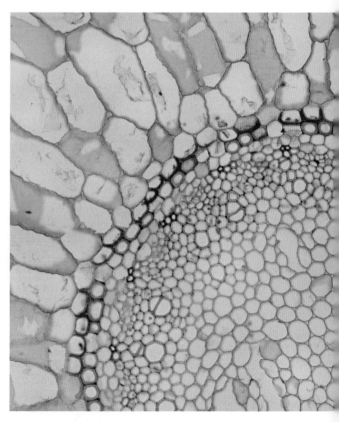

百合科植物麦冬 *Ophiopogon japonicus* 块根横切面（示内皮层和中柱）
1. 内皮层；2. 通道细胞；3. 石细胞；4. 中柱鞘

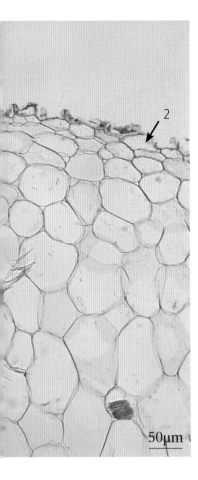
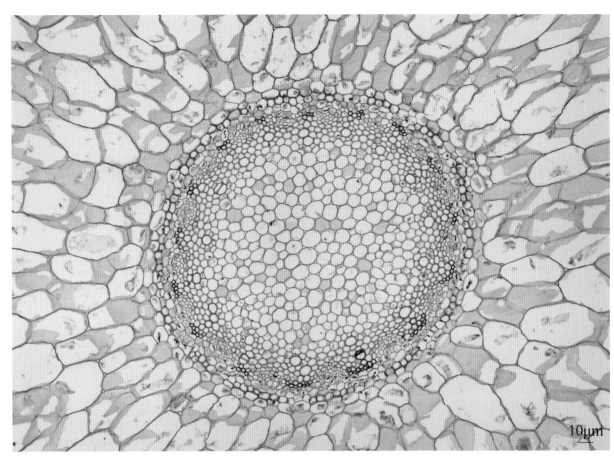

百合科植物麦冬 *Ophiopogon japonicus* 块根横切面（示维管柱）

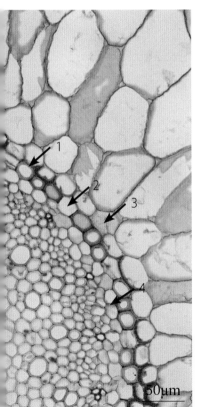
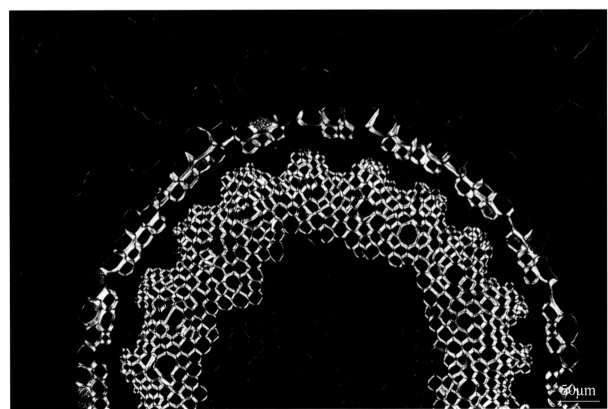

百合科植物麦冬 *Ophiopogon japonicus* 块根横切面（示内皮层和中柱，偏光）

二、 | 内皮层

　　大部分单子叶植物的内皮层细胞其径向壁、上下壁及内切向壁（内壁）显著增厚，只有外切向壁（外壁）比较薄，因此，横切面观时内皮层细胞增厚部分呈马蹄形。

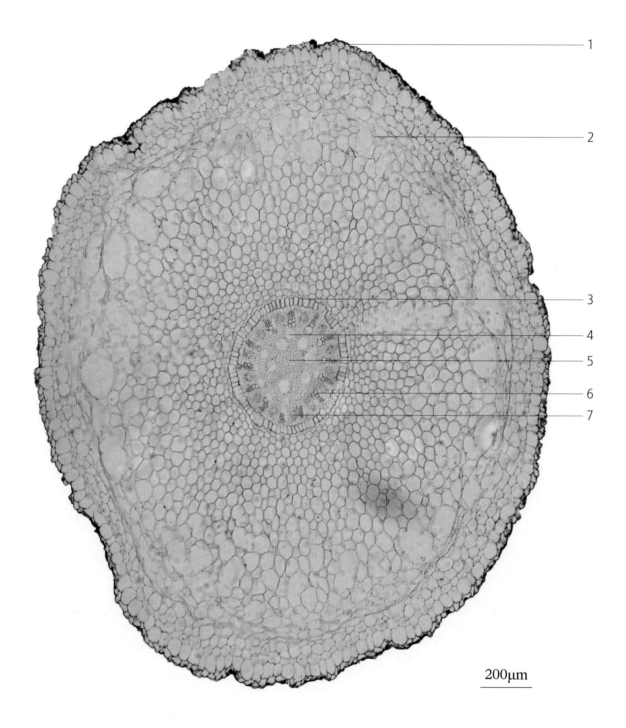

鸢尾科植物鸢尾 *Iris tectorum* **根初生构造横切面**
1. 根被；2. 皮层；3. 内皮层（示马蹄形加厚）；4. 后生木质部；5. 髓；6. 原生木质部；7. 初生韧皮部

鸢尾科植物鸢尾 *Iris tectorum*

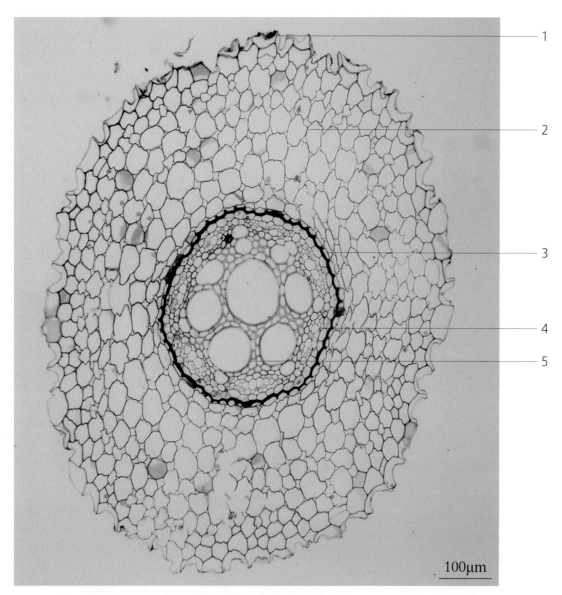

鸭跖草科植物鸭跖草 *Commelina communis* 根初生构造横切面
1. 表皮；2. 皮层；3. 内皮层（马蹄形加厚）；4. 初生韧皮部；5. 初生木质部

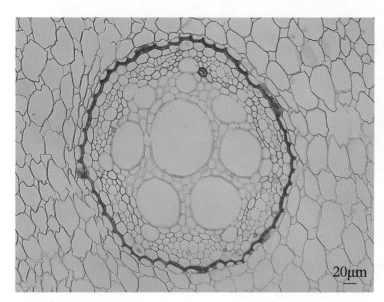

鸭跖草科植物鸭跖草 *Commelina communis* 根横切面（示内皮层马蹄形加厚）

鸭跖草科植物鸭跖草 *Commelina communis* 根横切面（示内皮层马蹄形加厚，偏光）

木质部束的数目因植物种类的不同而不同。单子叶植物通常为 15~20 束，甚至更多，罕有少于 6 束者。髓部发达。

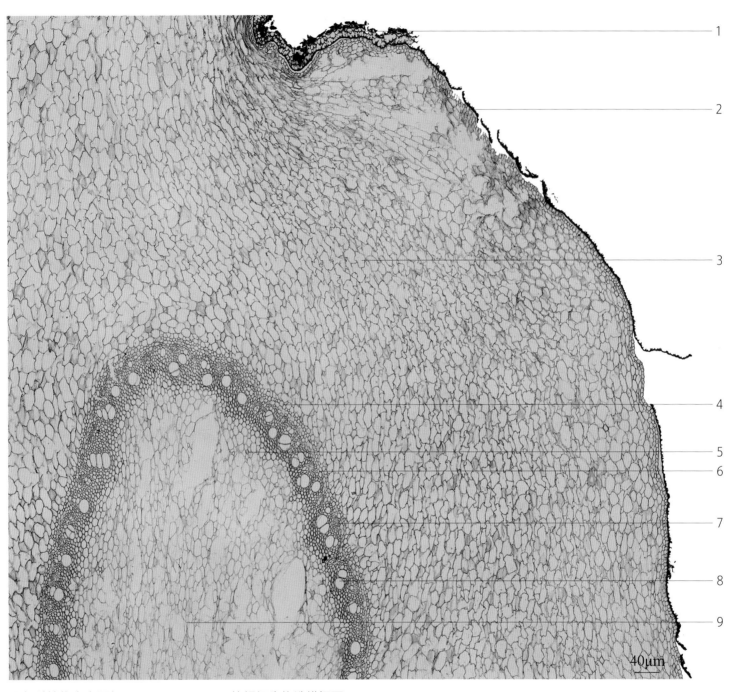

百部科植物直立百部 *Stemona sessilifolia* 块根初生构造横切面
1. 根被；2. 外皮层；3. 皮层；4. 内皮层；5. 髓部纤维；6. 中柱鞘；7. 初生韧皮部；8. 初生木质部；9. 髓

特征比较

　　百部来源于百部科植物直立百部 *Stemona sessilifolia*、百部 *Stemona japonica* 和大百部 *Stemona tuberosa* 的干燥块根。直立百部根被细胞 3~4 列，细胞壁木栓化及木化，具致密的细条纹；初生韧皮部与初生木质部各 19~27 束。百部根被细胞 3~6 列；韧皮部纤维木化；导管通常深入于髓部，与外侧导管束作 2~3 轮状排列。大百部根被细胞约 3 列，细胞壁强木化，无细条纹；皮层散有纤维，呈类方形，壁微木化；初生韧皮部 36~40 束。

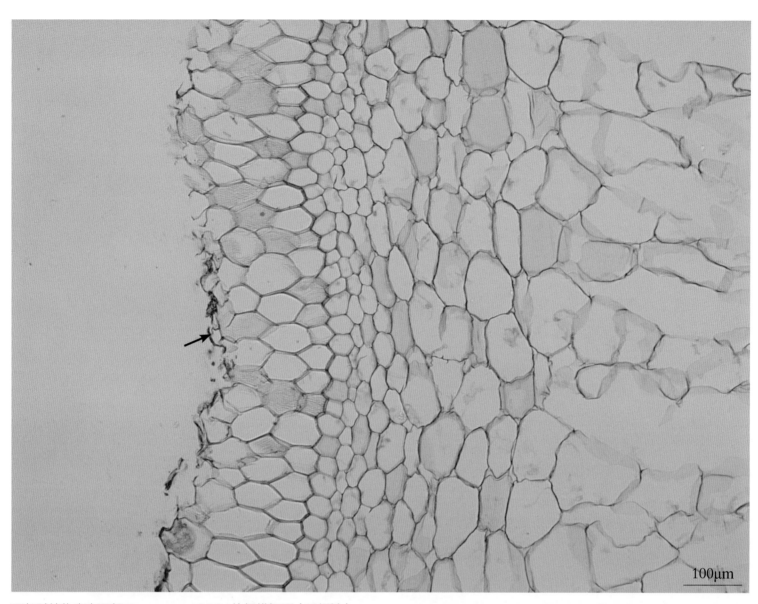

百部科植物直立百部 *Stemona sessilifolia* 块根横切面（示根被）

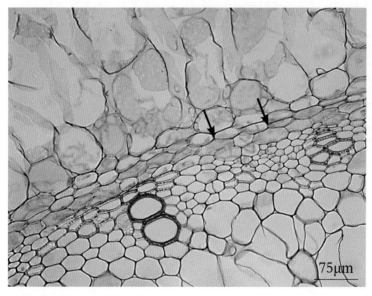

百部科植物直立百部 *Stemona sessilifolia* 块根横切面（示凯氏点）

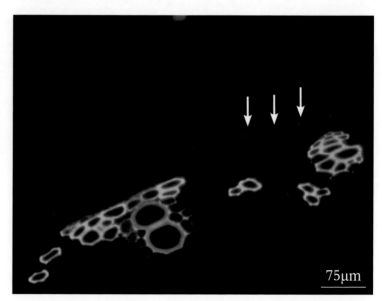

百部科植物直立百部 *Stemona sessilifolia* 块根横切面（示凯氏点，荧光）

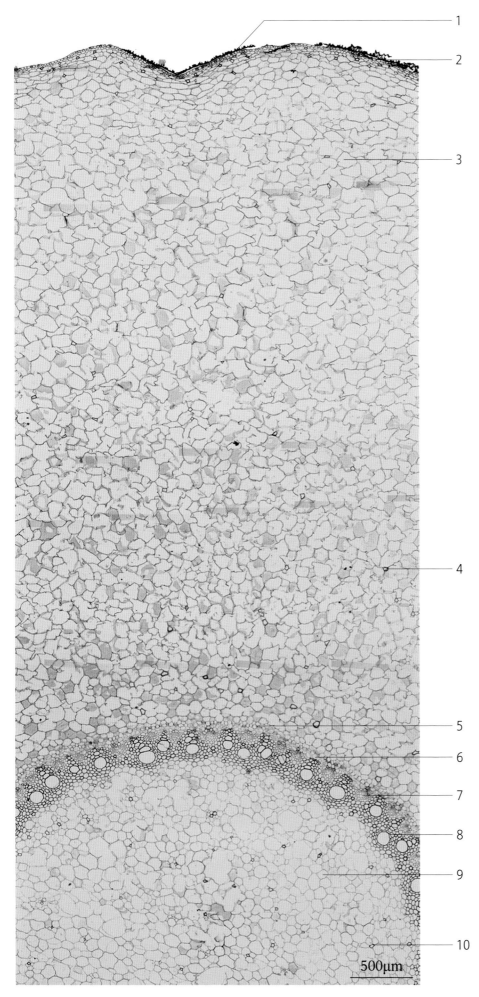

1

2

3

4

5

6

7

8

9

10

500μm

百部科植物大百部 *Stemona tuberosa* 块根初生构造横切面
1. 根被；2. 外皮层；3. 皮层；4. 皮层纤维；5. 内皮层；6. 中柱鞘；7. 初生韧皮部；8. 初生木质部；9. 髓；10. 髓部纤维

种子植物的主茎是由胚芽发育而来，侧枝是由腋芽发育而来。

茎的主要机能是运输和支持。茎的构造可以分为茎尖的构造、茎的初生构造、茎的次生构造和茎的异常构造。

ER 4

第四章 —— 药用植物茎的构造

■ 显微之美：荧光下的药用植物构造

兰科植物铜皮石斛 *Dendrobium moniliforme* 茎中部节间横切面（荧光）

茎尖的构造

　　茎尖可以分为分生区（生长锥）、伸长区、成熟区三个部分。茎尖顶端没有类似根冠的构造，而是由幼小的叶片包围，具有保护茎尖的作用。由生长锥分裂出来的细胞逐渐分化为原表皮层、基本分生组织和原形成层等初生分生组织。

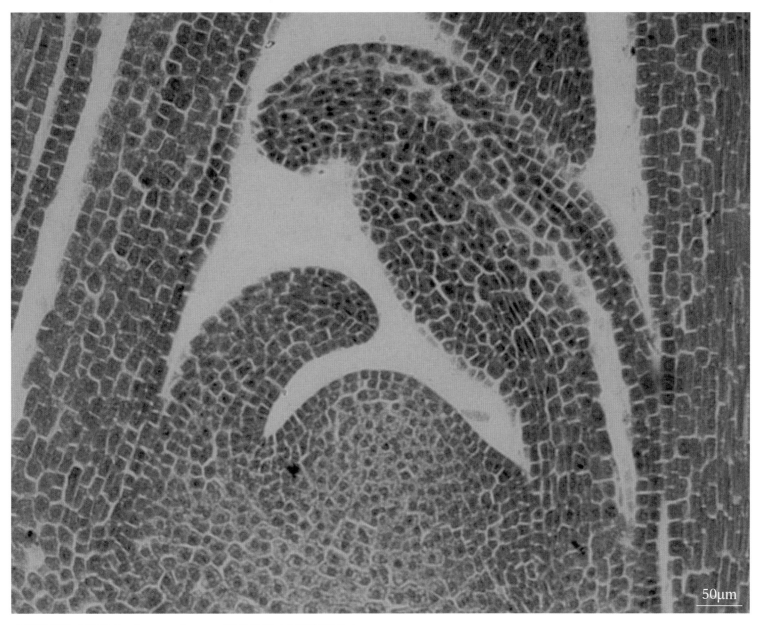

50μm

伞形科植物北柴胡 *Bupleurum chinense* 茎尖纵切（示顶芽结构）

双子叶植物茎的初生构造

茎的初生结构是由茎的顶端分生组织所产生的。双子叶植物茎的初生构造横切面上，可观察到由外向内分别为表皮、皮层和中柱 3 大部分。

一、 | 表皮

表皮是由 1 层长方形、扁平、排列整齐无细胞间隙的细胞组成。表皮上分布有各式气孔，也有的表皮有各式毛茸。表皮细胞的外壁稍厚，通常角质化形成角质层。少数植物的表皮还具蜡被。

二、 | 皮层

皮层位于表皮内侧与维管柱之间，主要由薄壁组织构成，细胞大、细胞壁薄，常为多面体、球形或椭圆形，排列疏松，具细胞间隙。在近表皮部分常有厚角组织，有的植物皮层中含有纤维、石细胞；有的有分泌组织。

三、 | 中柱

中柱包括初生维管束、髓和髓射线，在茎的初生构造中占较大的比例。双子叶植物的初生维管束包括初生韧皮部、初生木质部和束中形成层。

芍药科植物芍药 *Paeonia lactiflora* 幼苗

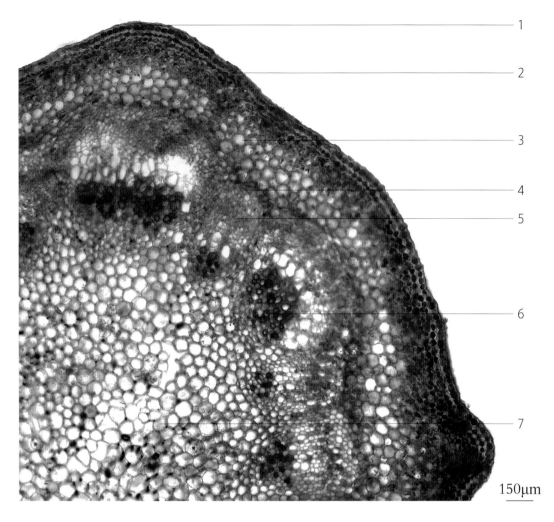

150μm

芍药科植物芍药 *Paeonia lactiflora* 幼茎横切面

1.表皮；2.厚角组织；3.皮层；4.初生韧皮部；5.束中形成层；6.初生木质部；7.髓

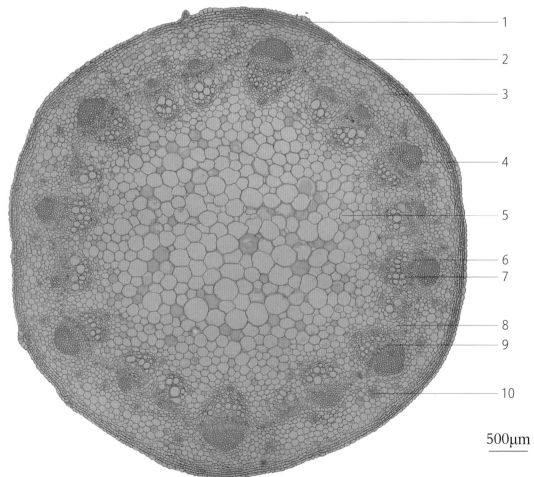

— 1
— 2
— 3
— 4
— 5
— 6
— 7
— 8
— 9
— 10

500μm

菊科植物向日葵 *Helianthus annuus* 幼茎横切面

1.表皮；2.厚角组织；3.皮层；4.原生韧皮部纤维；5.髓；6.初生韧皮部；7.初生木质部；8.髓射线；9.束中形成层；10.分泌道

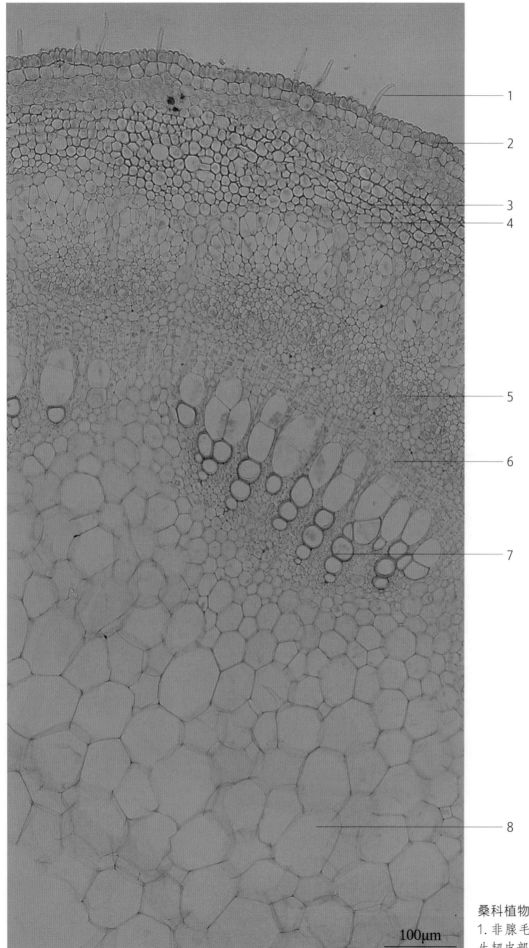

桑科木本植物常具乳汁，因此在桑树茎横切面中可观察到乳汁管。该幅图为桑幼茎横切面图，示初生构造。桑枝药材所取的嫩枝，实际上已为次生构造。

1

2

3
4

5

6

7

8

100μm

桑科植物桑 *Morus alba* 的幼茎横切面
1. 非腺毛；2. 表皮；3. 皮层；4. 乳汁管；5. 初生韧皮部；6. 束中形成层；7. 初生木质部；8. 髓

双子叶植物茎的次生生长

一 | 维管形成层的发生及其活动

当茎进行次生生长时，邻接束中形成层的髓射线细胞恢复分生能力，转变为束间形成层，并和束中形成层连接，此时形成层成为一个圆筒，在横切面上形成一个完整的形成层环。束中形成层与束间形成层形成的形成层环，称为维管形成层。维管形成层细胞由纺锤状原始细胞与射线原始细胞组成，具有强烈的分生能力，主要进行切向分生。纺锤状原始细胞分布于束中形成层中，是构成维管形成层的主体，形成导管或管胞、筛管。射线原始细胞主要分布于束间形成层中，束中形成层中也有少量存在，形成髓射线、维管射线。

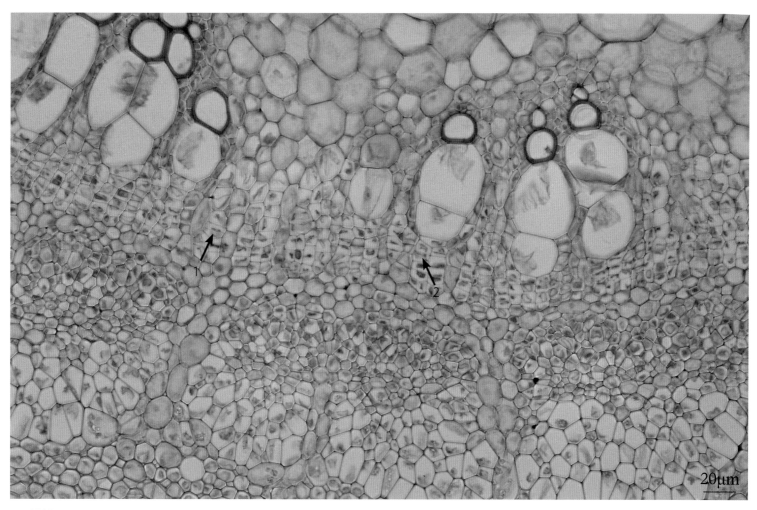

20μm

桑科植物桑 *Morus alba* 幼茎横切面（示束中形成层与束间形成层）
1. 束间形成层；2. 束中形成层

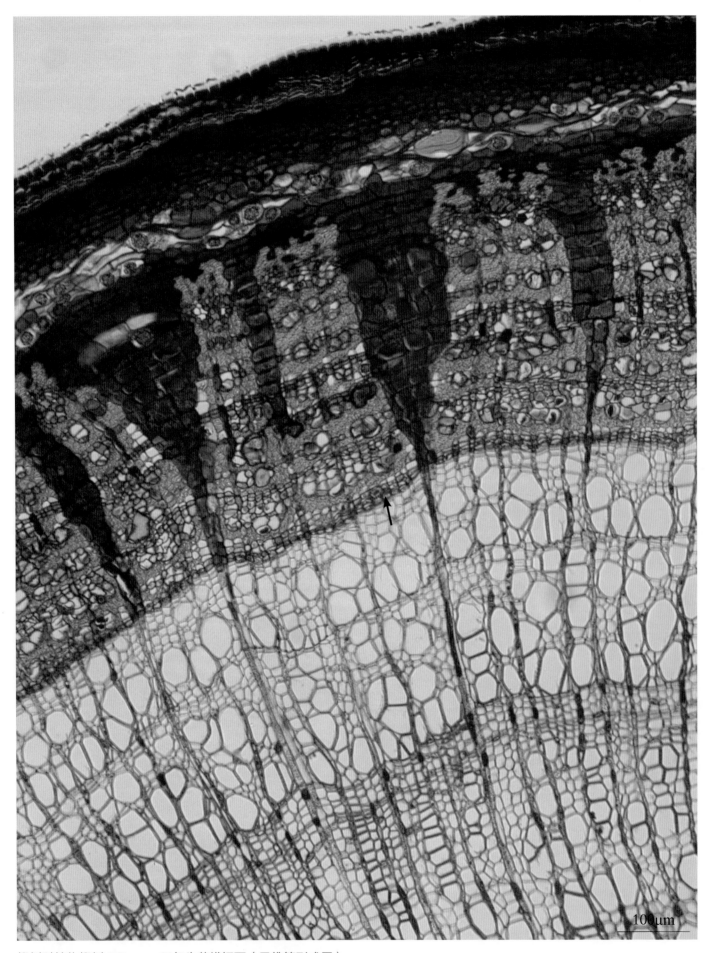

椴树科植物椴树 *Tilia tuan* 三年生茎横切面（示维管形成层）

二、| **木栓形成层的形成及其活动**

　　草本植物茎的表皮一般能够保持到植物器官死亡。当草本植物茎干次生增粗时，表皮细胞能够进行分裂以增加表皮的周圆，借以适应茎干的增粗。木本植物茎的次生生长使茎不断增粗，表皮一般不能相应增大而死亡。此时，多数植物茎由表皮内侧皮层细胞恢复分裂机能形成木栓形成层，木栓形成层向外分生木栓层，向内分生栓内层。木栓层、木栓形成层与栓内层统称周皮。

　　一般木栓形成层的活动时间不过数月，大部分树木在其内侧产生新的木栓形成层，这样，发生的位置就会向内移动，可深达次生韧皮部。老周皮内的组织被新周皮隔离后逐渐枯死，这些周皮以及被它隔离的死亡组织的综合体常剥落。故称落皮层。

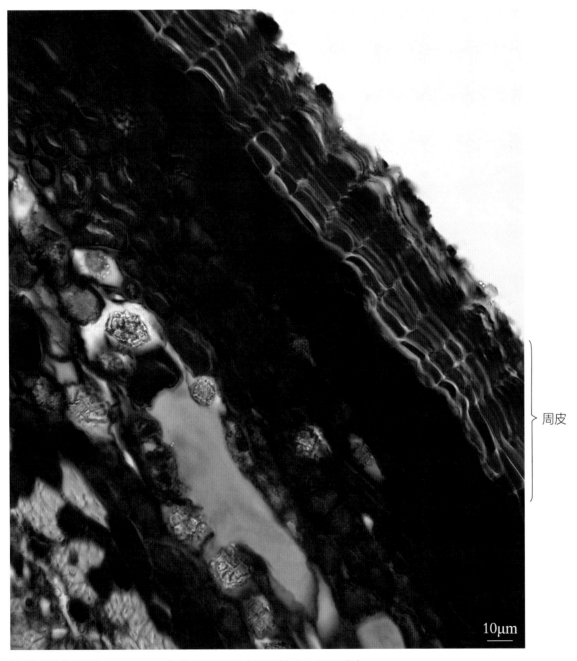

椴树科植物椴树 *Tilia tuan* 三年生茎横切面（局部放大，示周皮）

双子叶植物草质茎的次生构造

　　双子叶植物草质茎的生长期较短，次生生长有限，因此次生构造不发达或不存在，维管束所占部分少，茎的质地较柔软。双子叶植物草质茎次生构造主要分为表皮、皮层、维管柱三大部分。最外层为表皮，常有角质层、蜡被、气孔、毛茸等附属物。少数双子叶草质茎植物表皮下方有木栓形成层分化，向外产生 1~2 层木栓细胞，向内产生少量栓内层，但表皮未被破坏。皮层中近表皮部位常有厚角组织，有的厚角组织排成环形，有的分布于茎的棱角处。次生维管组织通常形成连续的维管柱，有些植物仅具束中形成层，没有束间形成层；有些种类没有束间形成层，束中形成层也不明显。髓部发达，有些植物髓部中央破裂成空洞状。髓射线一般较宽。

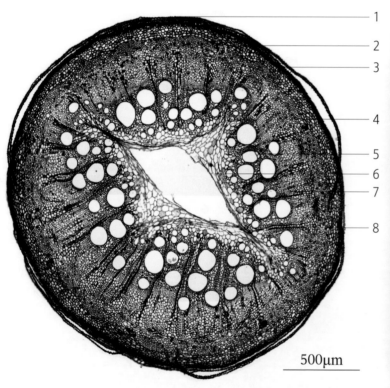

500μm

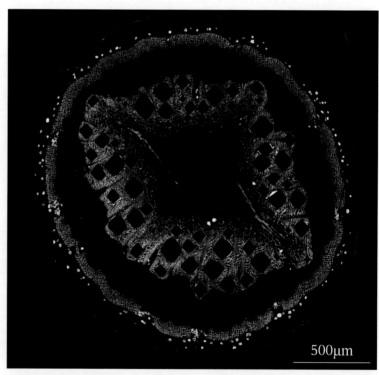

500μm

蓼科植物何首乌 *Fallopia multiflora* 一年生茎横切面　　　　蓼科植物何首乌 *Fallopia multiflora* 一年生茎横切面（偏光）
1. 周皮；2. 皮层；3. 中柱鞘纤维；4. 次生韧皮部；5. 次生木质部；
6. 髓；7. 维管形成层；8. 射线

特征解析

　　蓼科植物何首乌 *Fallopia multiflora* 及同属植物棱枝何首乌 *Fallopia multiflora* var. *angulata*、毛脉首乌 *Fallopia multiflora* var. *ciliinervis* 均为木质藤本，其中何首乌的藤茎入药，为中药"首乌藤"。首乌藤常取材于何首乌多年生茎，直径可达

3~7cm。但三者一年生茎尚属于草质茎的次生构造。

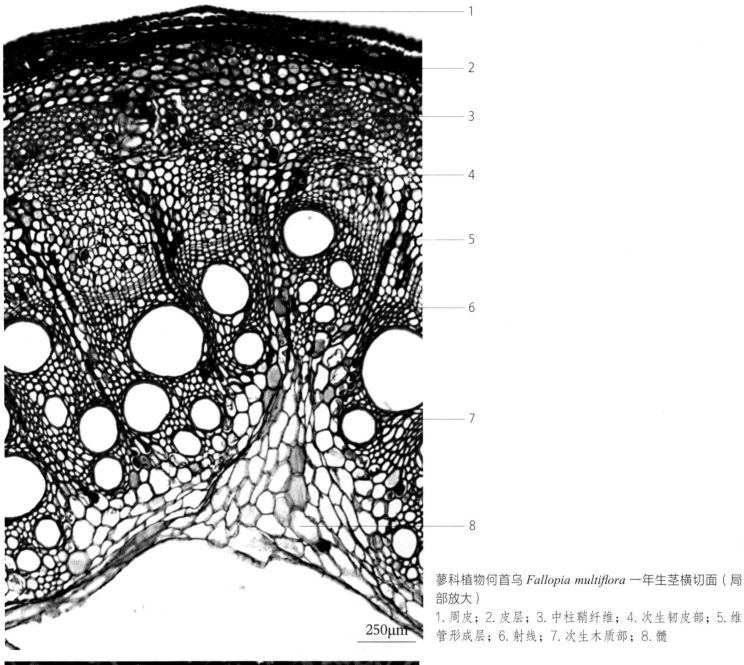

蓼科植物何首乌 *Fallopia multiflora* 一年生茎横切面（局部放大）

1. 周皮；2. 皮层；3. 中柱鞘纤维；4. 次生韧皮部；5. 维管形成层；6. 射线；7. 次生木质部；8. 髓

250μm

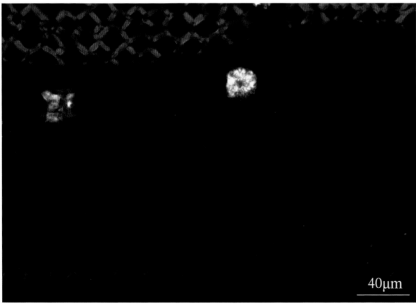

40μm

蓼科植物何首乌 *Fallopia multiflora* 一年生茎横切面（局部放大，示皮层部位草酸钙簇晶，偏光）

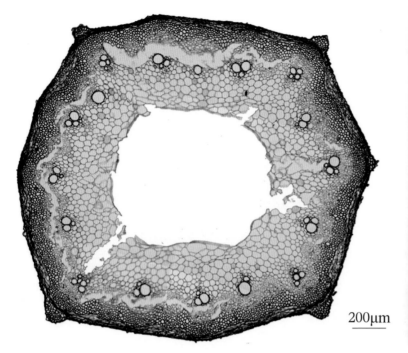

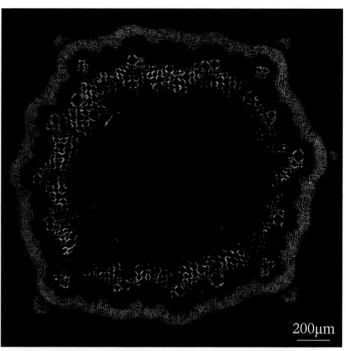

蓼科植物棱枝何首乌 *Fallopia multiflora* var. *angulata* 一年生茎横切面

蓼科植物棱枝何首乌 *Fallopia multiflora* var. *angulata* 一年生茎横切面（偏光）

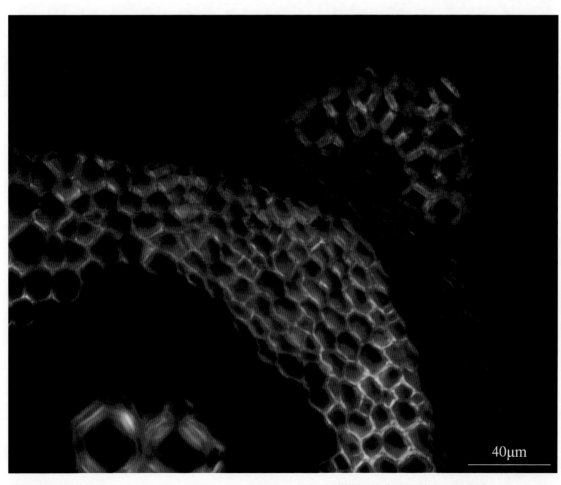

蓼科植物棱枝何首乌 *Fallopia multiflora* var. *angulata* 一年生茎横切面（局部放大，偏光）

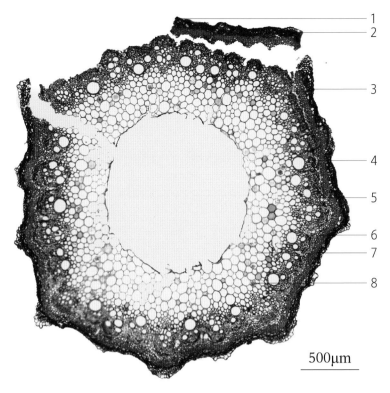

1
2
3
4
5
6
7
8

500μm

蓼科植物毛脉首乌 *Fallopia multiflora* var. *ciliinervis* 茎横切面
1.表皮；2.皮层；3.中柱鞘纤维；4.次生韧皮部；5.维管形成层；
6.次生木质部；7.髓；8.草酸钙簇晶

500μm

蓼科植物毛脉首乌 *Fallopia multiflora* var. *ciliinervis* 茎横切面
（偏光）

特征比较

　　何首乌、棱枝何首乌与毛脉首乌一年生茎横切面区别：何首乌一年生茎圆形，无棱；棱枝何首乌一年生茎有 4~5 个棱，棱由纤维束组成；毛脉首乌一年生茎有 10~15 个细棱，棱由厚角组织组成。何首乌与毛脉首乌一年生茎中含有大量的草酸钙晶体，而棱枝何首乌一年生茎中未见草酸钙晶体。

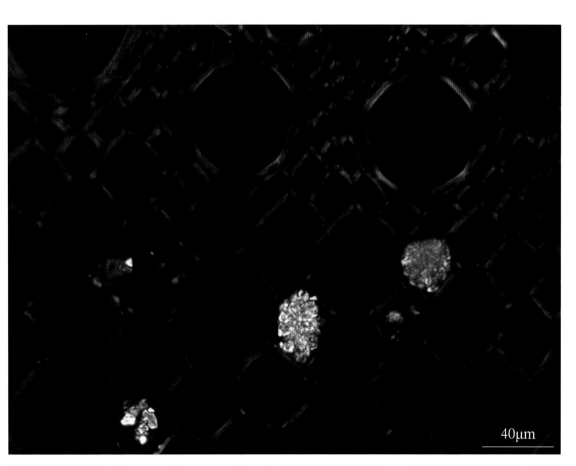

40μm

蓼科植物毛脉首乌 *Fallopia multiflora* var. *ciliinervis* 茎横切面（局部放大，示皮层部位草酸钙簇晶，偏光）

　　芍药的茎为草质茎，横切面呈不规则的圆形，由表皮、皮层、维管束和髓组成。表皮由 1 层排列紧密的长方形细胞组成，有气孔分布，其外方有角质层。皮层由 5~7 层细胞组成，在角隅处有厚角组织，细胞排列非常紧密。维管束为无限外韧型，茎的维管组织在横切面上连接成不规则的环状，髓射线不明显。其中韧皮部由筛管、伴胞、韧皮部薄壁细胞和少数韧皮纤维组成，其中韧皮纤维组成纤维束，排列成断续的环状。木质部由导管及木薄壁细胞组成，其中导管呈径向排列，数量较多，孔径较大。茎中央为大量薄壁细胞组成的髓。

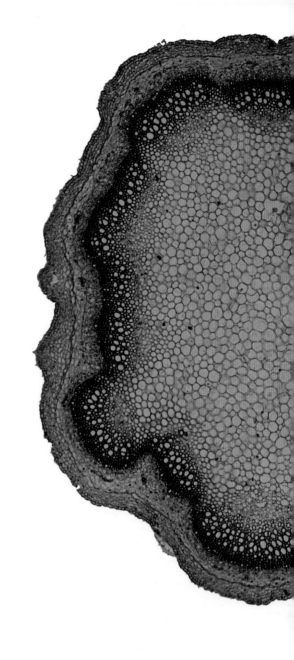

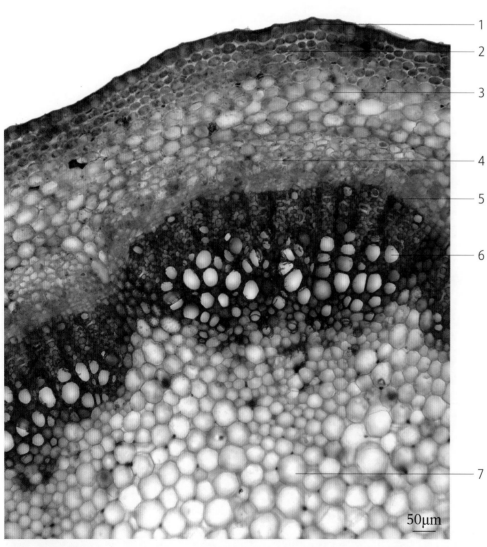

芍药科植物芍药 *Paeonia lactiflora* 茎横切面（示双子叶植物草质茎的次生构造）
1. 表皮；2. 厚角组织；3. 皮层；4. 次生韧皮部；5. 维管形成层；6. 次生木质部；7. 髓

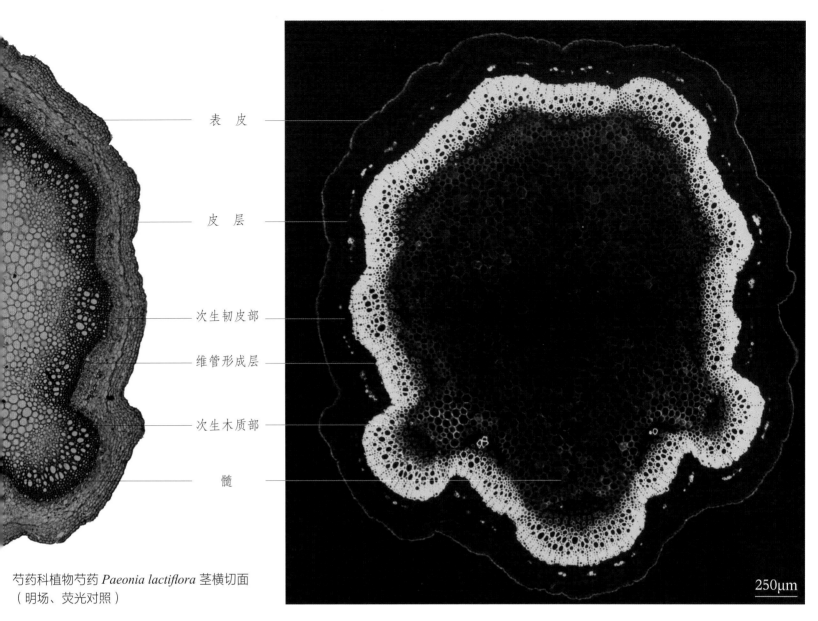

表　皮

皮　层

次生韧皮部

维管形成层

次生木质部

髓

芍药科植物芍药 *Paeonia lactiflora* 茎横切面
（明场、荧光对照）

250μm

按语

　　白芍茎中含有丰富芍药苷类化合物。根据总
皂苷能与皂苷显色剂（5%香草醛－冰醋酸和高
氯酸混合试剂）发生反应，呈现出淡红→红→紫
红的颜色变化，而阴性对照制片与皂苷显色剂不
发生显色反应。对白芍茎进行皂苷类组织化学定
位研究表明，芍药茎中，表皮细胞显淡红色，维
管形成层和次生韧皮部显红色，而皮层和髓等其
余组织不显色。这表明茎中芍药苷类化合物主要
分布于维管形成层和次生韧皮部，在表皮有少量
分布。

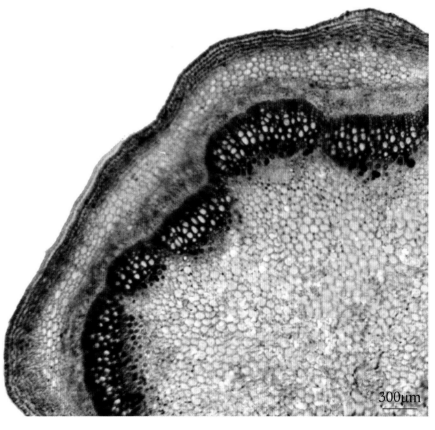

芍药科植物芍药 *Paeonia lactiflora* 茎中皂苷类化合物
的组织化学定位

300μm

以 5% 香草醛 - 冰醋酸和高氯酸混合试剂作为显色剂，对红柴胡茎中皂苷类化合物进行组织化学定位，发现在表皮、皮层及分布在皮层和髓中的分泌道上皮细胞均被染成紫红色，维管束中的形成层和韧皮薄壁组织细胞呈淡红色，其余组织不显色。

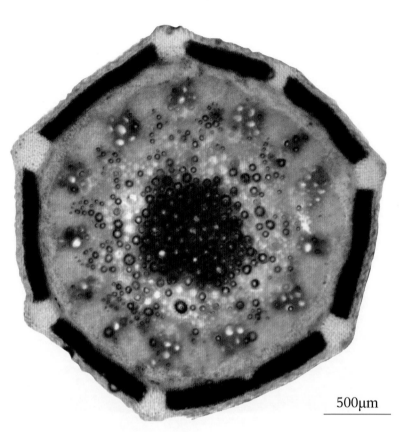

500μm

伞形科植物红柴胡 *Bupleurum scorzonerifolium* 茎中皂苷类化合物的组织化学定位

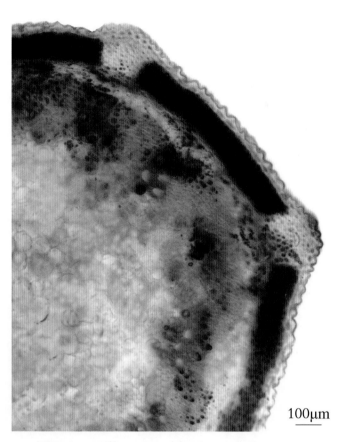

100μm

伞形科植物红柴胡 *Bupleurum scorzonerifolium* 茎中皂苷类化合物的组织化学定位

伞形科植物红柴胡 *Bupleurum scorzonerifolium*

黄酮类化合物经 5% NaOH 溶液染色呈黄色至橙色；经醋酸镁甲醇溶液染色后可产生绿色荧光；经 NA 溶液染色可产生黄色荧光。应用上述组织化学方法对北柴胡和红柴胡茎中黄酮类化合物进行组织化学定位，其中北柴胡茎经 5% NaOH 溶液染色，在表皮中呈橙色，在棱角处的厚角组织、部分皮层细胞及髓鞘细胞中呈黄色。红柴胡茎切片经 NA 染色后，在荧光显微镜下观察，在表皮、棱角处的厚角组织、部分皮层细胞及位于木质部内侧的髓鞘细胞中产生黄色荧光；经 1% 醋酸镁甲醇溶液染色后，经荧光显微镜观察，在上述组织中产生绿色荧光；经 5% NaOH 溶液染色后，在表皮、棱角处的厚角组织和部分皮层细胞中呈黄色。

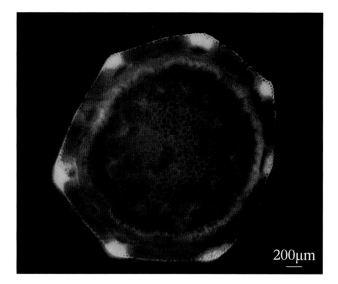

伞形科植物红柴胡 *Bupleurum scorzonerifolium* 茎中黄酮类化合物的组织化学定位（NA 溶液染色，荧光）

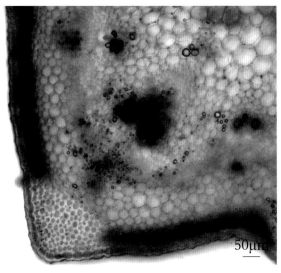

伞形科植物北柴胡 *Bupleurum chinense* 茎中黄酮类化合物的组织化学定位（5% NaOH 溶液染色）

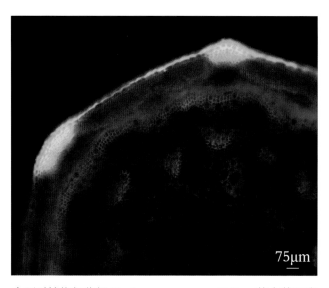

伞形科植物红柴胡 *Bupleurum scorzonerifolium* 茎中黄酮类化合物的组织化学定位（NA 溶液染色，荧光）

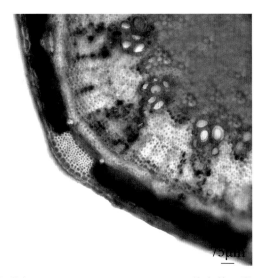

伞形科植物红柴胡 *Bupleurum scorzonerifolium* 茎中黄酮类化合物的组织化学定位（5% NaOH 溶液染色）

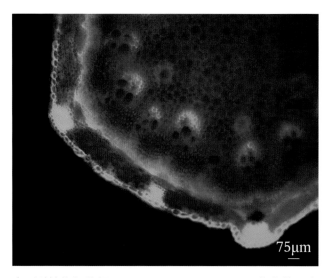

伞形科植物红柴胡 *Bupleurum scorzonerifolium* 茎中黄酮类化合物的组织化学定位（1% 醋酸镁甲醇溶液染色，荧光）

在很多双子叶植物的幼茎内，皮层最里面的1层细胞，其细胞内含有较多的淀粉粒，这1层细胞叫作淀粉鞘。

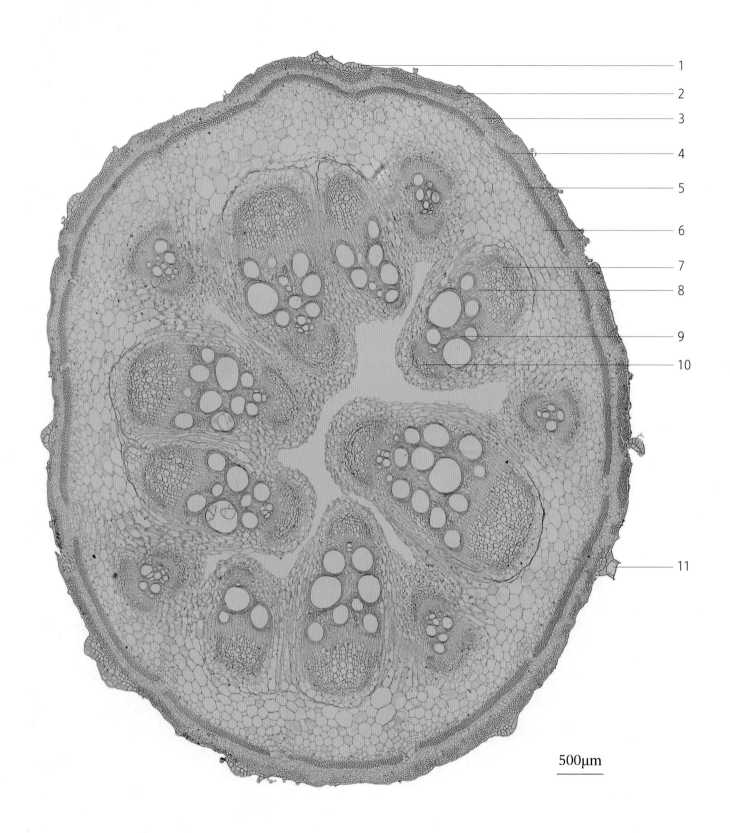

1
2
3
4
5
6
7
8
9
10
11

500μm

葫芦科植物南瓜 *Cucurbita moschata* 茎横切面
1. 表皮；2. 厚角组织；3. 皮层；4. 淀粉鞘；5. 中柱鞘纤维；6. 中柱鞘薄壁组织；7. 外生韧皮部；8. 维管形成层；9. 次生木质部；10. 内生韧皮部；11. 表皮毛

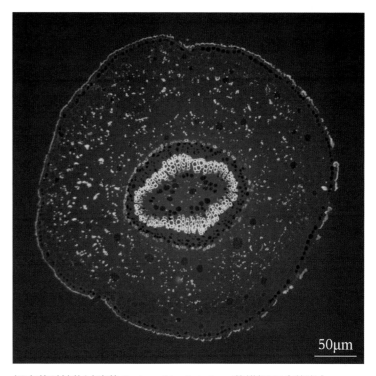

清代《百草镜》中以"神仙对座草"治疗黄疸，经考证，"神仙对座草"即今报春花科植物过路黄 *Lysimachia christinae*。过路黄茎横切面上，皮层较宽，薄壁组织中分泌道散在。老茎的中柱鞘纤维几乎连成环，木质部导管径向排列，薄壁细胞中有小淀粉粒。

1　2　3　4　5　6　7　8　9　10　11　12　13

150μm

报春花科植物过路黄 *Lysimachia christinae* 茎横切面

1.腺毛；2.角质层；3.表皮；4.皮层；5.分泌道；6.淀粉粒；7.色素细胞；8.内皮层；9.中柱鞘纤维；10.髓；11.次生木质部；12.维管形成层；13.次生韧皮部

50μm

报春花科植物过路黄 *Lysimachia christinae* 茎横切面

50μm

报春花科植物过路黄 *Lysimachia christinae* 茎横切面（荧光）

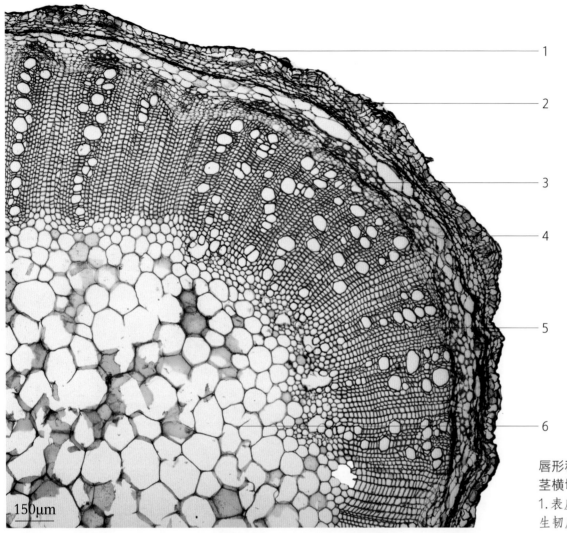

按语

　　藿香，载于汉代杨孚《异物志》："藿香，交趾有之。"宋代《本草图经》："今岭南郡多有之，人家亦多种植，二月生苗，茎梗甚密作丛，叶似桑而小薄。六月七月采之，暴干乃芬香，须黄色然后可收。"《本草图经》绘有"蒙州藿香"，即今唇形科植物广藿香 Pogostemon cablin。

唇形科植物广藿香 Pogostemon cablin
茎横切面
1. 表皮；2. 皮层；3. 维管形成层；4. 次生韧皮部；5. 次生木质部；6. 髓

唇形科植物广藿香 Pogostemon cablin

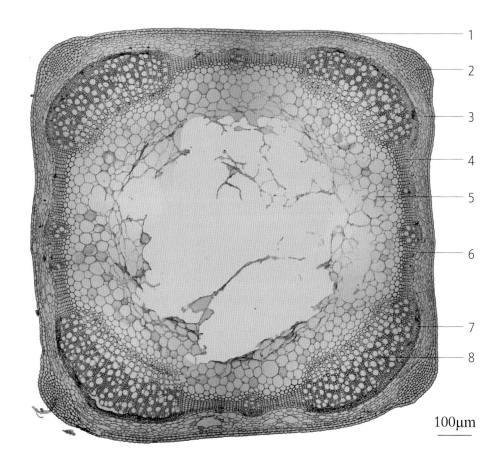

唇形科植物薄荷 *Mentha canadensis* 茎横切面
1.表皮；2.厚角组织；3.皮层；4.维管形成层；5.髓；6.内皮层；7.次生韧皮部；8.次生木质部

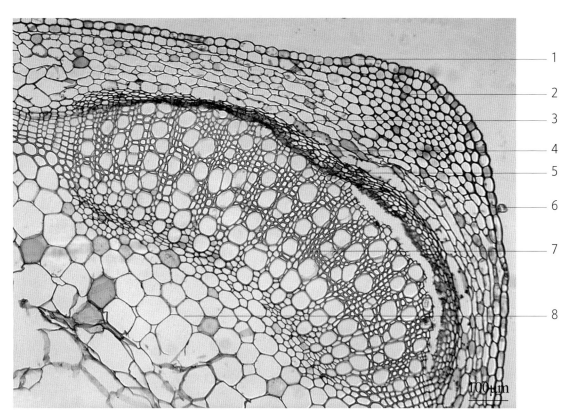

唇形科植物薄荷 *Mentha canadensis* 茎横切面（局部放大，示维管组织和厚角组织）
1.表皮；2.厚角组织；3.皮层；4.次生韧皮部；5.维管形成层；6.腺毛；7.次生木质部；8.髓

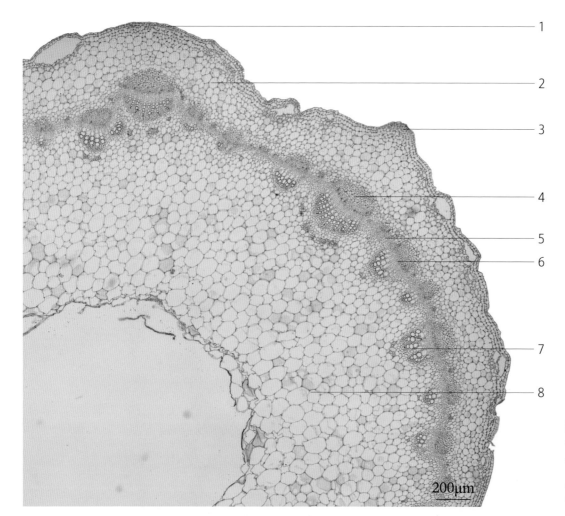

菊科植物蓟 *Cirsium japonicum* 茎横切面

1. 表皮；2. 皮层；3. 厚角组织；4. 韧皮纤维；5. 维管形成层；6. 次生韧皮部；7. 次生木质部；8. 髓

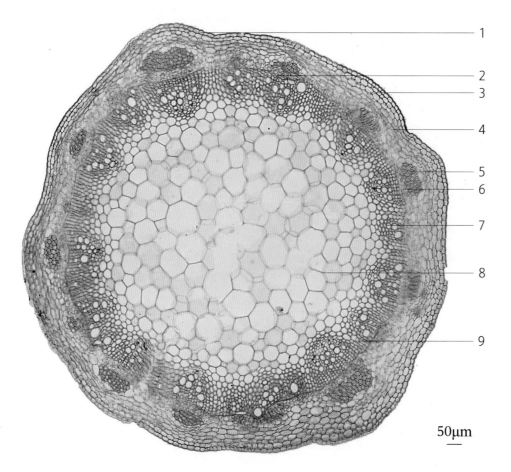

菊科植物千里光 *Senecio scandens* 茎横切面

1. 表皮；2. 维管形成层；3. 厚角组织；4. 皮层；5. 韧皮纤维；6. 次生韧皮部；7. 次生木质部；8. 髓；9. 髓射线

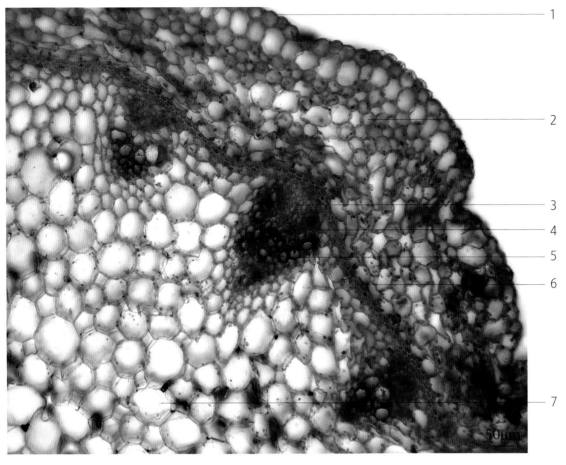

三白草科植物蕺菜 *Houttuynia cordata* 茎横切面

1. 表皮；2. 皮层；3. 韧皮部；4. 形成层；5. 木质部；6. 中柱鞘纤维；7. 髓

三白草科植物蕺菜 *Houttuynia cordata*

双子叶植物根状茎的次生构造

　　双子叶植物根状茎一般系指双子叶草本植物的根状茎，其构造类似于地上茎，主要可以分为保护组织、皮层、维管束和髓 4 大部分。

　　双子叶植物根状茎次生结构中，表面通常具木栓组织，少数具表皮或鳞叶。皮层中常有根迹维管束（即茎中维管束与不定根中维管束相连的维管束）和叶迹维管束（茎中维管束与叶柄维管束相连的维管束）斜向通过，皮层内侧有时具纤维或石细胞。维管束为无限外韧型，呈环状排列；髓射线宽窄不一。中央有明显的髓部。贮藏薄壁细胞发达，机械组织多不发达。

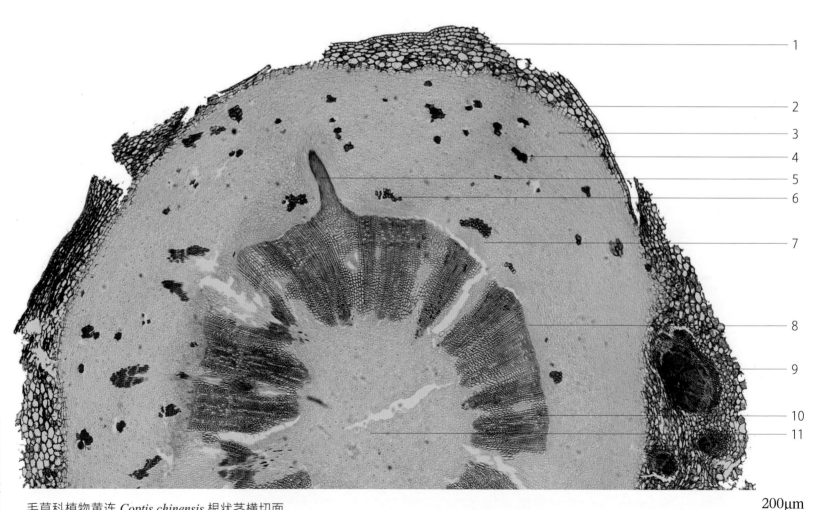

毛茛科植物黄连 *Coptis chinensis* 根状茎横切面

200μm

1. 鳞叶细胞；2. 周皮；3. 皮层；4. 石细胞群；5. 根迹维管束；6. 韧皮纤维束；7. 次生韧皮部；8. 维管形成层；9. 叶迹维管束；10. 次生木质部；11. 髓

毛茛科植物黄连 *Coptis chinensis* 根状茎（味连）

按语

　　黄连，载于《神农本草经》，列为上品。《本草纲目》曰："大抵有二种，一种根粗无毛有珠，如鹰鸡爪形而坚实，色深黄；一种无珠多毛而中虚，黄色稍淡，各有所宜。"前者即今之"味连"，原植物为黄连 *Coptis chinensis*，又称"鸡爪连"；后者即今之"雅连"，原植物为三角叶黄连 *Coptis deltoidea*。现今《中国药典》除收载黄连、三角叶黄连作为中药黄连的基原植物外，还收载了云南黄连 *Coptis teeta*。

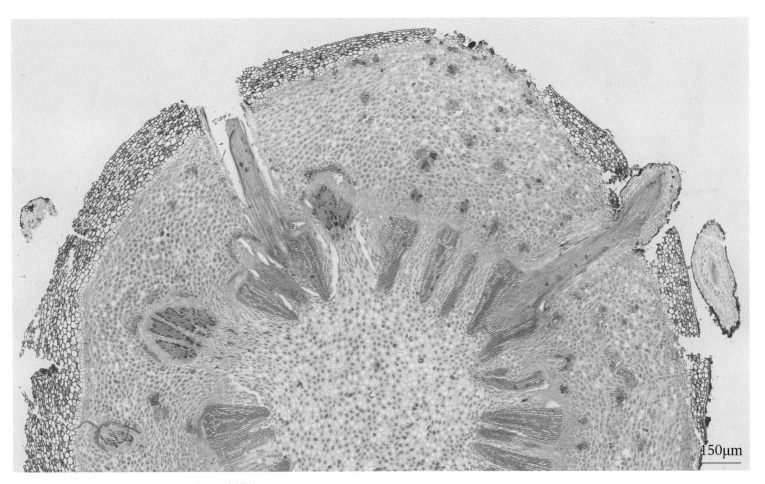

150μm

毛茛科植物黄连 *Coptis chinensis* 根状茎横切面

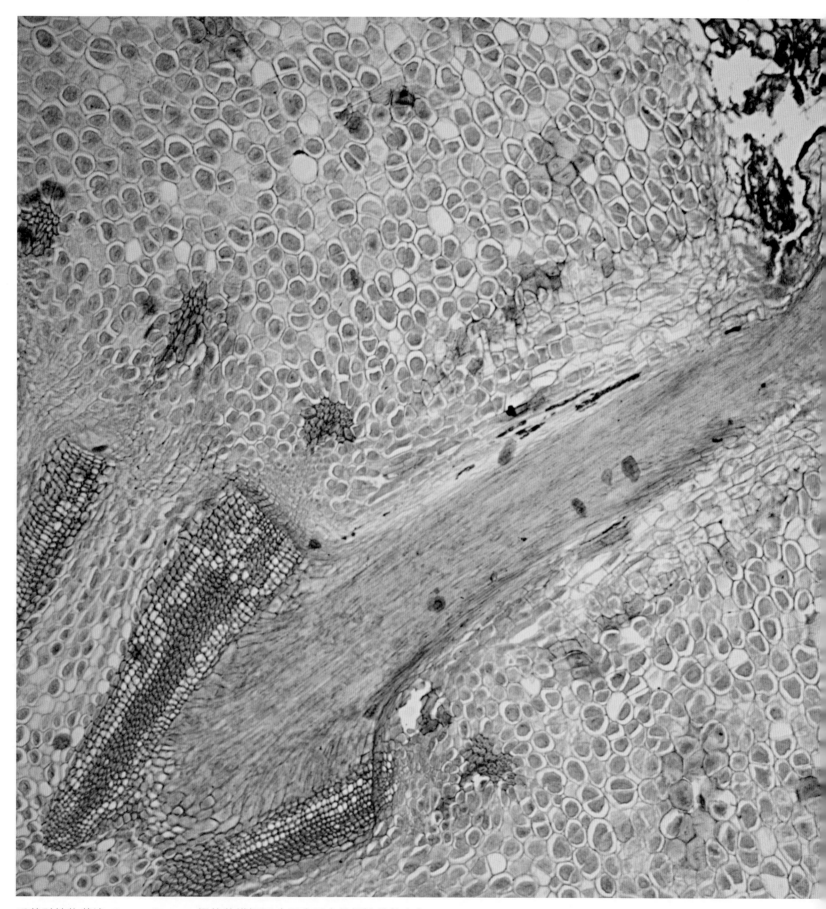

毛茛科植物黄连 *Coptis chinensis* 根状茎横切面（示皮层中的根迹维管束）

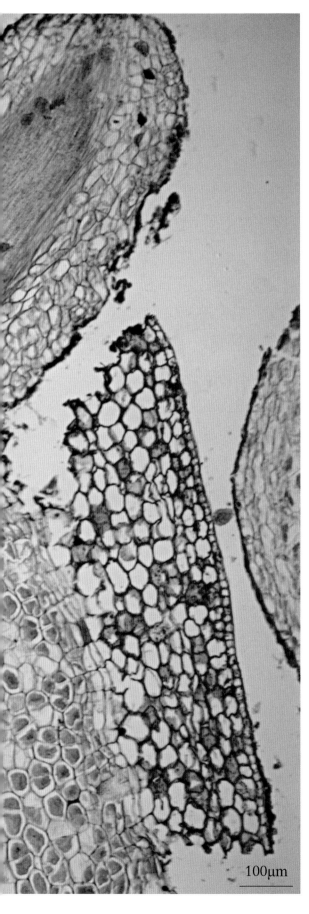

毛茛科植物黄连 *Coptis chinensis* 根状茎横切面（示皮层中的叶迹维管束）

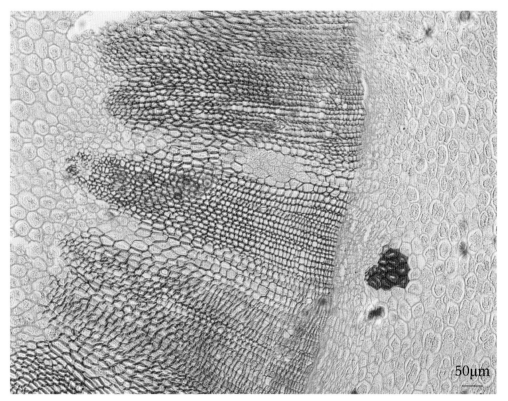

毛茛科植物黄连 *Coptis chinensis* 根状茎横切面（示韧皮纤维束）

　　　　　　　　　　　　　　　　　　　　　　　　　　　　　　200μm

毛茛科植物云南黄连 *Coptis teeta* 根状茎横切面
1. 鳞叶细胞；2. 木栓层；3. 根迹维管束；4. 皮层；5. 韧皮纤维束；6. 次生木质部；7. 髓；
8. 维管形成层；9. 次生韧皮部

　　　　　　　　　　　　　　　　　　　　　　　　150μm

毛茛科植物三角叶黄连 *Coptis deltoidea* 根状茎横切面
1. 鳞叶细胞；2. 木栓层；3. 皮层；4. 石细胞群；5. 次生韧皮部；6. 韧皮纤维束；7. 次生木质部；8. 髓；9. 维管形成层；10. 根迹维管束

特征比较

　　黄连、云南黄连和三角叶黄连根状茎显微上主要的区别在于石细胞的分布：黄连石细胞仅存在于皮层和次生韧皮部外侧，三角叶黄连石细胞存在于皮层、次生韧皮部外侧和髓部；而云南黄连则无石细胞分布。

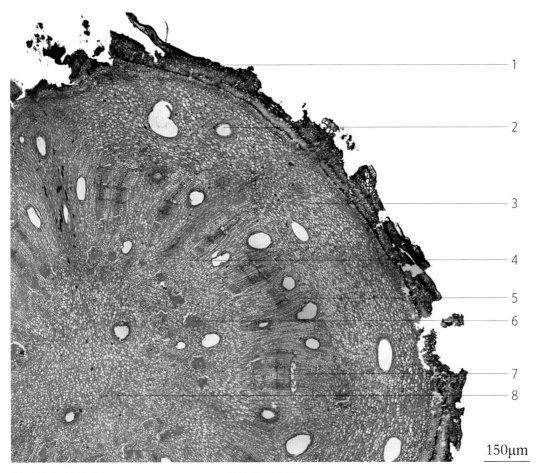

菊科植物北苍术 *Atractylodes chinensis* 根状茎横切面
1.周皮；2.油室；3.皮层；4.次生木质部；5.次生韧皮部；6.木纤维束；7.维管形成层；8.髓

菊科植物北苍术 *Atractylodes chinensis*

菊科植物北苍术 *Atractylodes chinensis* 根状茎

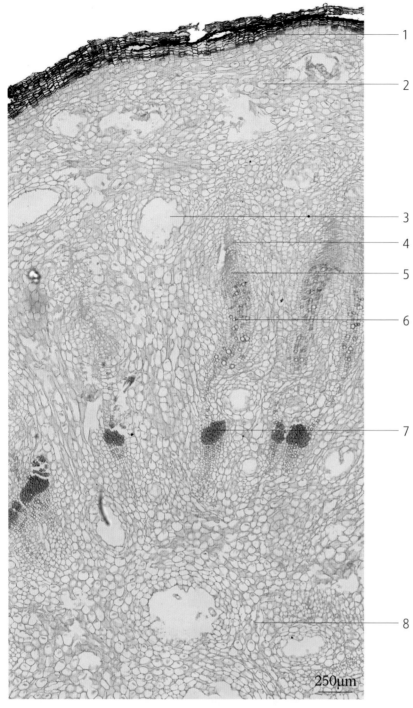

菊科植物苍术 *Atractylodes lancea*

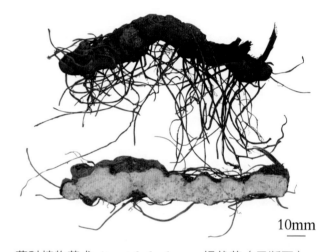

10mm

菊科植物苍术 *Atractylodes lancea* 根状茎（示断面）

菊科植物苍术 *Atractylodes lancea* 根状茎横切面
1.周皮；2.皮层；3.油室；4.次生韧皮部；5.维管形成层；6.次生木质部；7.木纤维束；8.髓

250μm

菊科植物苍术 *Atractylodes lancea* 根状茎断面"析霜"

按语

　　苍术 *Atractylodes lancea* 根状茎中油室在折断面中呈橙黄色或棕红色，习称"朱砂点"。1959 年《药材资料汇编》中首次出现了茅苍术"起霜"的记载："茅术经切片后，隔几天发出白霜，俗称'起霜'。"中国所产茅苍术可以分为 2 种化学型：江苏茅山型（包括江苏、山东等地），挥发油成分以苍术酮、苍术素为主，析出结晶较少；大别山型（包括安徽、河南、湖北等地区），挥发油主要以茅术醇和 β–桉叶醇为主，切开后很快产生大量结晶即"起霜"。换言之，"起霜"是大别山区苍术最有特色的质量评价特征，其根状茎中茅术醇和 β–桉叶醇的相对含量较高，折断面暴露稍久，油室中可析出白色针状结晶。

有些植物木栓层中有石细胞环带。苍术第一节至第四节根状茎的木栓层中石细胞环带数目与生长年限对应。

菊科植物苍术 *Atractylodes lancea* 根状茎横切面（局部放大，示木栓层中的 1 条石细胞环带，偏光）

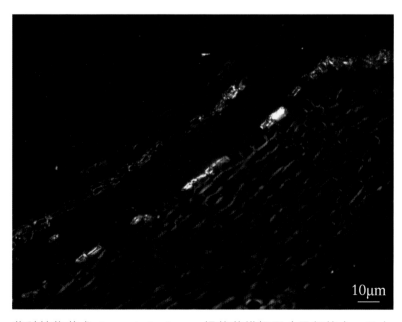

菊科植物苍术 *Atractylodes lancea* 根状茎横切面（局部放大，示木栓层中石细胞环带，偏光）

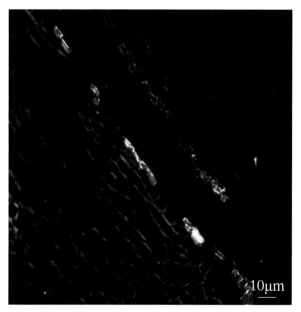

菊科植物苍术 *Atractylodes lancea* 根状茎横切面（局部放大，示木栓层中石细胞环带，偏光）

双子叶植物木质茎的次生构造

　　双子叶植物木质茎的次生构造与草质茎的次生构造类似，但木本植物的次生生长可以持续多年，其次生构造远较草质茎发达。由于维管形成层的活动受季节、时间和环境条件的影响，在不同季节所形成的次生木质部形态构造有所差异。温带和亚热带的春季或热带的雨季，由于气候温暖、雨量充沛，维管形成层活动旺盛，细胞分裂速度加快，次生木质部的细胞体积较大，细胞壁薄，色泽较浅，这期间形成的次生木质部称为早材或春材。温带的夏末秋初或热带的旱季，气候逐渐变冷或水分减少，维管形成层活动逐渐减弱，次生木质部细胞体积较小，细胞壁厚，色泽较深，这时形成的次生木质部称为晚材或秋材。植物在一年中形成的早材与晚材没有明显的界限，当年的秋材和第二年的春材界限清晰，形成同心环层，称为年轮或生长轮。有些植物（如柑橘）一年内往往会出现多个年轮，称为"假年轮"。

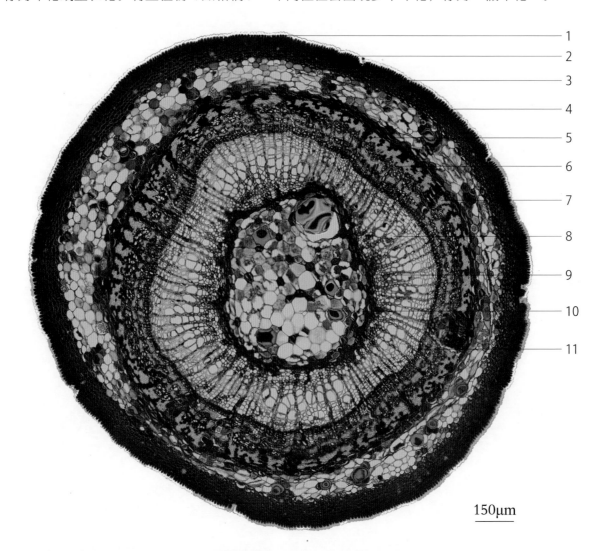

1
2
3
4
5
6
7
8
9
10
11

150μm

椴树科植物椴树 *Tilia tuan* 一年生茎横切面
1.表皮；2.厚角组织；3.草酸钙簇晶；4.皮层；5.韧皮射线；6.韧皮纤维；7.次生韧皮部；8.次生木质部；9.髓环带；10.髓；11.维管形成层

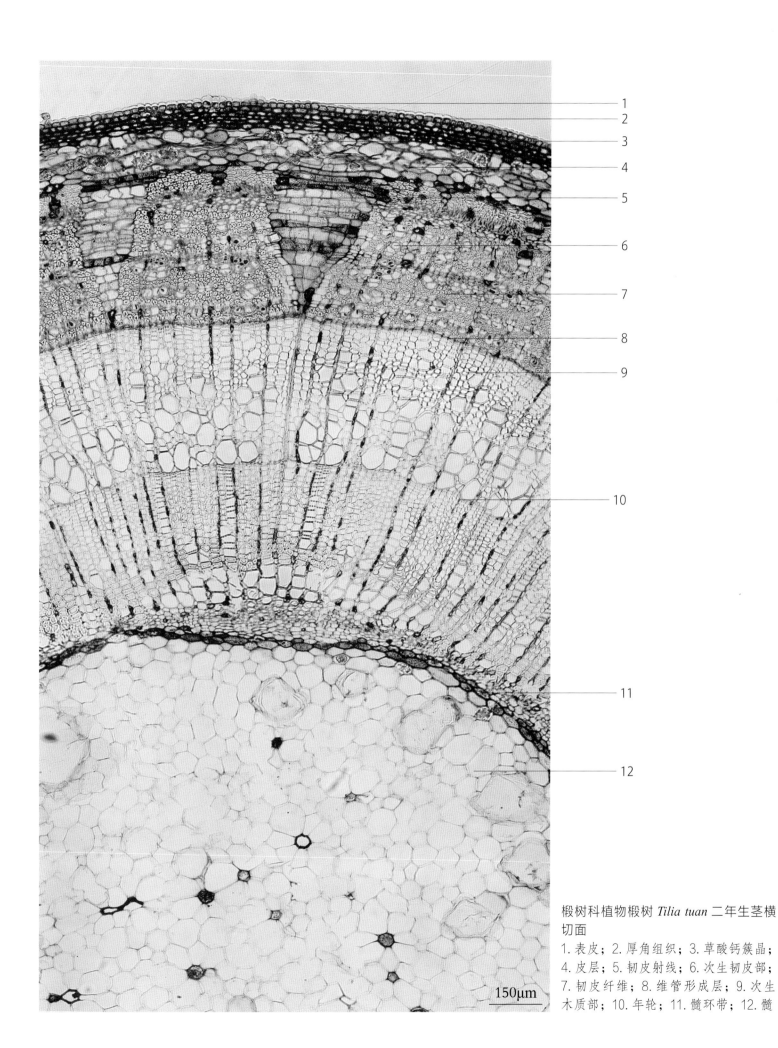

椴树科植物椴树 *Tilia tuan* 二年生茎横切面

1. 表皮；2. 厚角组织；3. 草酸钙簇晶；4. 皮层；5. 韧皮射线；6. 次生韧皮部；7. 韧皮纤维；8. 维管形成层；9. 次生木质部；10. 年轮；11. 髓环带；12. 髓

150μm

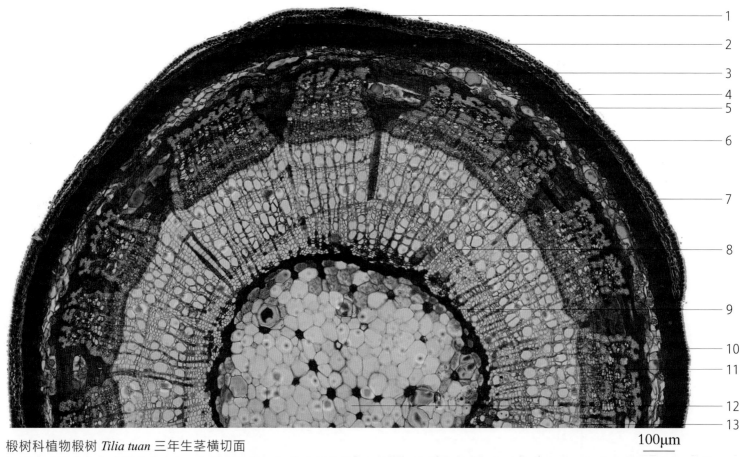

1
2
3
4
5
6
7
8
9
10
11
12
13

100μm

椴树科植物椴树 *Tilia tuan* 三年生茎横切面

1.周皮（最外方有残留的表皮）；2.厚角组织；3.草酸钙簇晶；4.皮层；5.韧皮射线；6.次生韧皮部；7.次生木质部；8.年轮；9.环髓带；10.表皮（外方为角质层）；11.韧皮纤维；12.髓；13.维管形成层

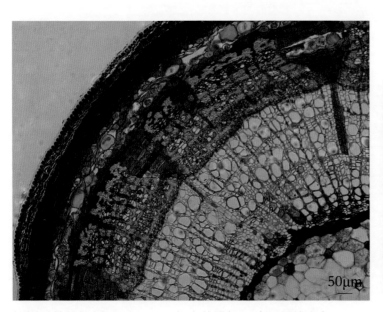

50μm

椴树科植物椴树 *Tilia tuan* 三年生茎横切面（局部放大）

50μm

椴树科植物椴树 *Tilia tuan* 三年生茎横切面（局部放大）

按语

在椴树茎的横切面上，由于木质茎这一轴状器官的不断加粗，维管束外部先形成的次生韧皮部不能随着茎的加粗而在髓射线处呈现断裂，从而使髓射线在次生韧皮部处呈漏斗状，次生韧皮部呈梯状。在三年生茎横切面上常可见到最外面的组织部分为周皮，部分为表皮。甚至在刚形成的周皮外面亦可见残留的表皮。

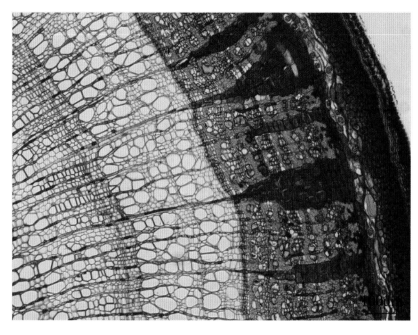

椴树科植物椴树 *Tilia tuan* 三年生茎横切面（局部放大）

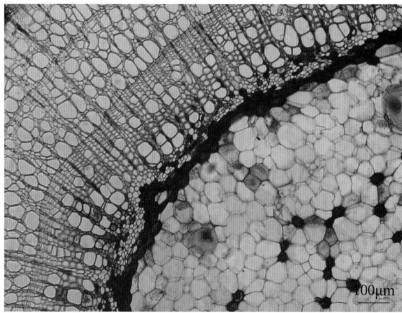

椴树科植物椴树 *Tilia tuan* 三年生茎横切面（局部放大）

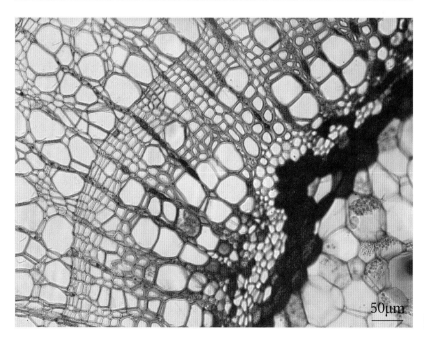

椴树科植物椴树 *Tilia tuan* 三年生茎横切面（局部放大）

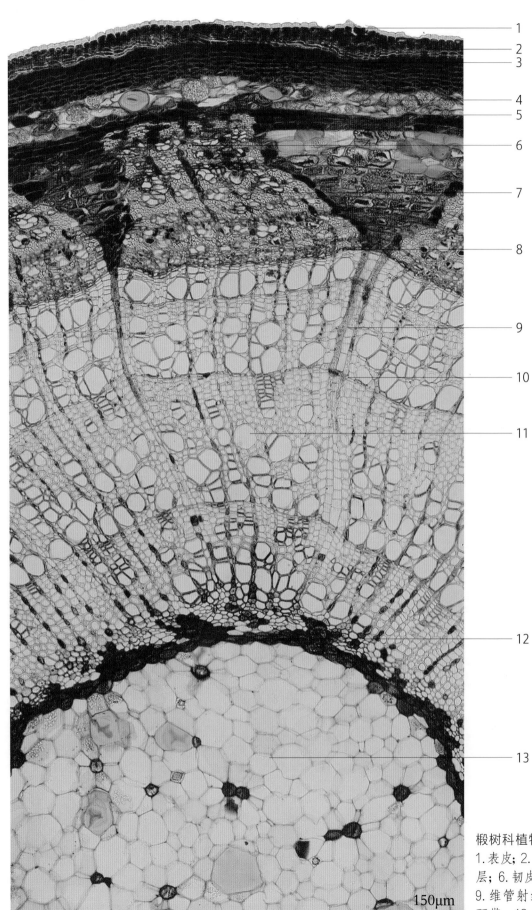

1
2
3
4
5
6
7
8
9
10
11
12
13

椴树科植物椴树 *Tilia tuan* 四年生茎横切面
1.表皮；2.周皮；3.厚角组织；4.草酸钙簇晶；5.皮层；6.韧皮纤维；7.次生韧皮部；8.维管形成层；9.维管射线；10.年轮；11.次生木质部；12.髓环带；13.髓

150μm

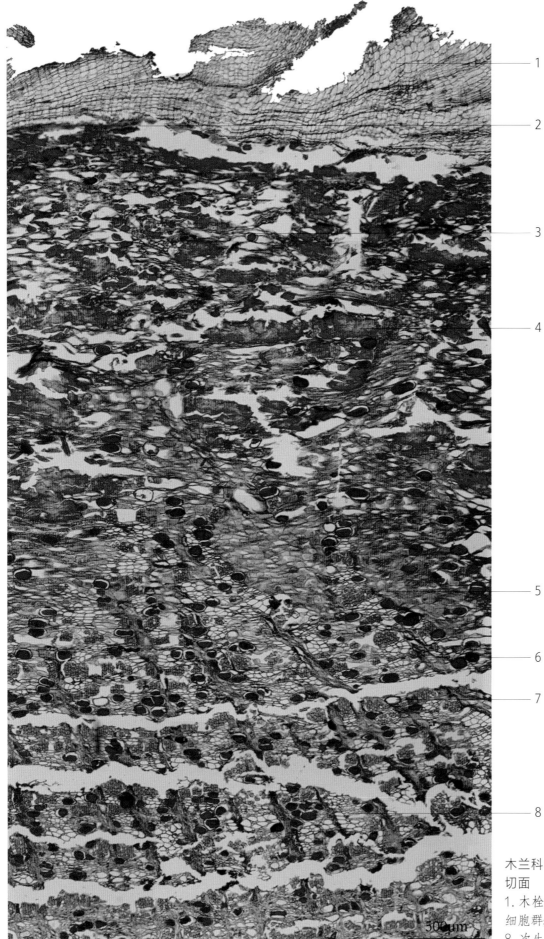

厚朴，载于《神农本草经》。《中国药典》规定厚朴来源于木兰科植物厚朴 *Magnolia officinalis* 或凹叶厚朴 *Magnolia officinalis* var. *biloba* 的干燥干皮、根皮及枝皮。目前，《中国药典》中其植物拉丁学名已被修订为 *Magnolia officinalis*。

《本草原始》记载厚朴："皮鳞皱而厚，紫色油润者，俗呼紫油厚朴，入剂最佳。薄而白者，俗呼山厚朴，不堪用。""皮鳞皱而厚"即指厚朴栓皮呈鳞片状。在横切面上可见木栓层为10余列木栓细胞，有时可见落皮层。"紫色油润"，指厚朴药材内表面呈紫棕色或深紫褐色，划之显油痕。在横切面上可见有很多油细胞散布，并呈现内侧油细胞分布多，外侧分布少的特征。

木兰科植物厚朴 *Magnolia officinalis* 干皮横切面
1. 木栓层；2. 木栓形成层；3. 皮层；4. 石细胞群；5. 纤维束；6. 韧皮射线；7. 油细胞；8. 次生韧皮部

500μm

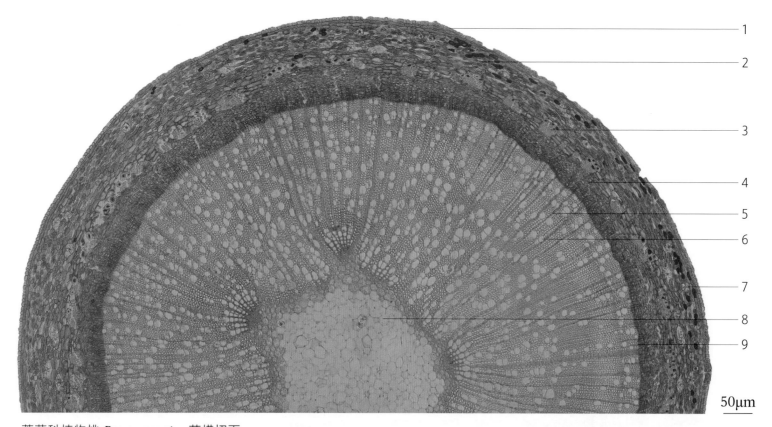

蔷薇科植物桃 *Prunus persica* 茎横切面
1.表皮；2.皮层；3.纤维束；4.次生韧皮部；5.射线；6.次生木质部；7.草酸钙晶体；8.髓；9.维管形成层

木栓形成层产生周皮的过程中，在原来表皮气孔下方的木栓形成层，不形成木栓细胞，而产生许多排列疏松的薄壁细胞，称为填充细胞。填充细胞不断增多，向外突出，胀破表皮，形成不同形状的裂口，即为皮孔。皮孔有利于老茎内部与外界的气体交换。皮孔形状、大小、颜色等可成为鉴别植物种类的依据之一。

樟科植物肉桂 *Cinnamomum cassia* 树皮

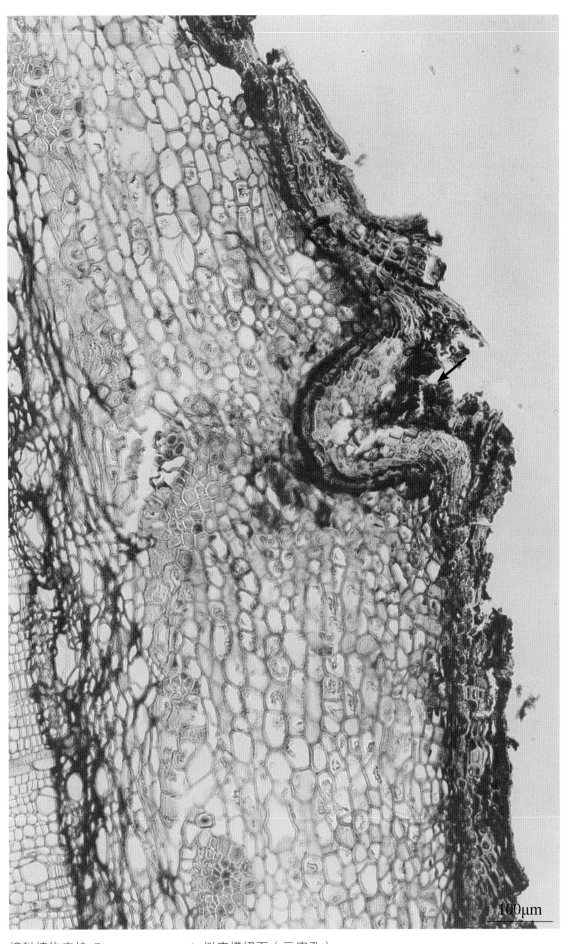

樟科植物肉桂 *Cinnamomum cassia* 树皮横切面（示皮孔）

100μm

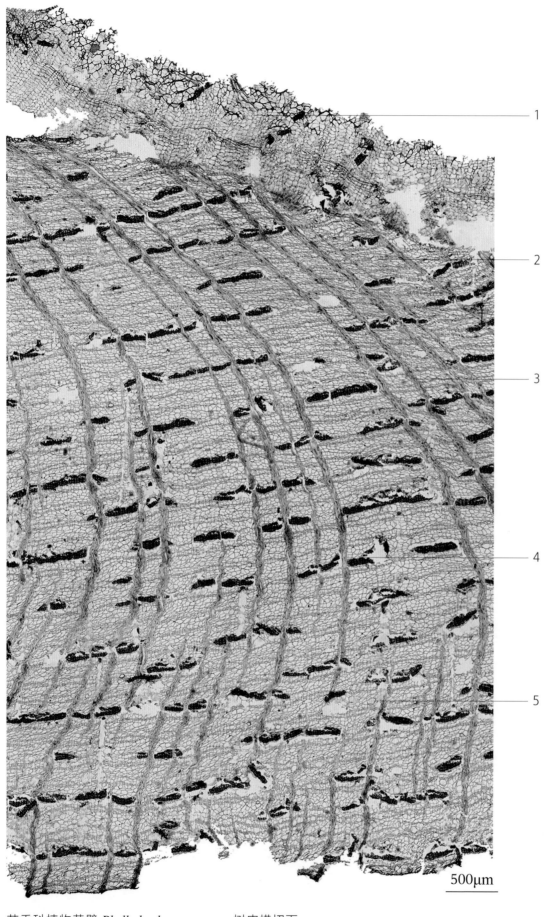

"树皮"有两种概念，狭义的树皮（也称外树皮）即落皮层，广义的树皮指维管形成层以外的所有组织，包括历年产生的周皮、皮层、次生韧皮部等。皮类药材厚朴、杜仲、肉桂、秦皮、合欢皮等的药用部分"皮"均指广义树皮。

500μm

芸香科植物黄檗 *Phellodendron amurense* 树皮横切面

1. 木栓层；2. 次生韧皮部；3. 韧皮射线；4. 韧皮纤维；5. 黏液细胞

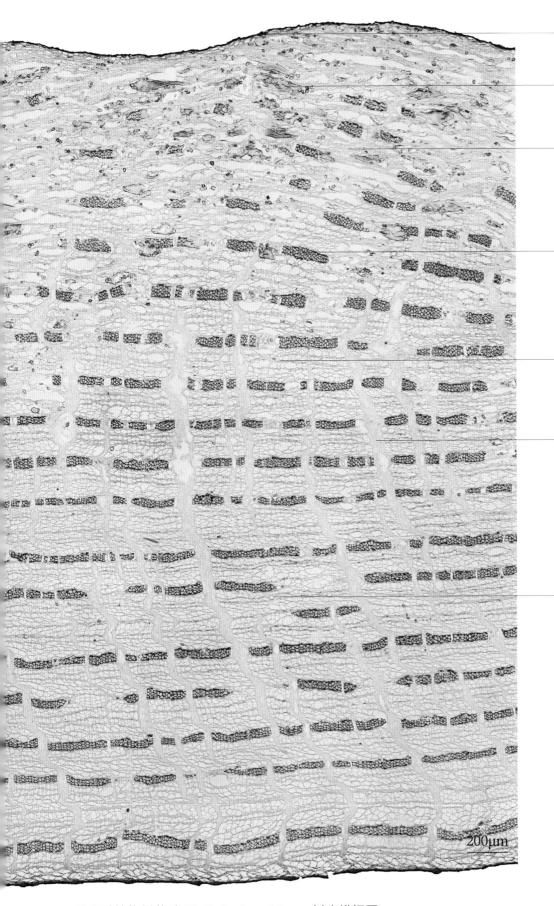

1 —
2 —
3 —
4 —
5 —
6 —
7 —

200μm

芸香科植物川黄檗 *Phellodendron chinense* 树皮横切面
1.周皮（已人工除去木栓层）；2.石细胞；3.皮层；4.韧皮纤维；5.次生韧皮部；
6.韧皮射线；7.黏液细胞

　　黄檗 *Phellodendron amurense* 主产于东北、华北各省，其树皮入药，习称"关黄柏"。川黄檗 *Phellodendron chinense* 主产于湖北、湖南和四川，其树皮入药，习称"川黄柏"。黄柏，载于《神农本草经》。我国大致以山西吕梁山及黄河为界，南产者为川黄柏，北产者为关黄柏。古代本草所载黄柏与今川黄柏相符。《本草从新》记载黄柏："川产肉厚，色深者良。"这与今川黄柏断面呈鲜黄色特征一致，关黄柏药材呈绿黄色或淡黄色。关黄柏和川黄柏在产地加工时有的会将栓皮除净，或残留部分栓皮。

木质藤本植物的茎中导管比较发达，以便运输水分。如木通 *Akebia quinata* 的木质藤茎中导管粗大，在药材断面上可见众多细孔。《本草从新》记载木通："色白而梗细者佳，藤有细孔，两头皆通。"

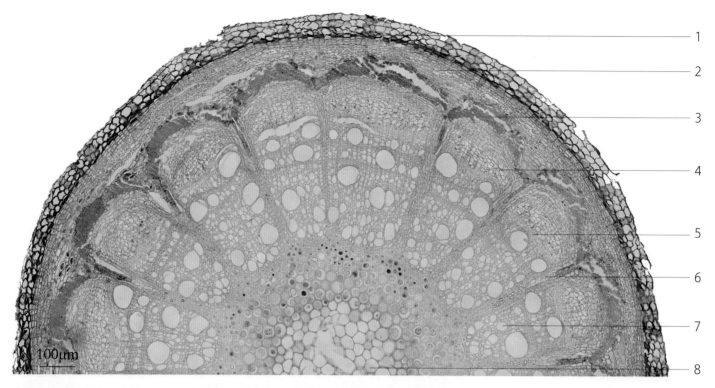

木通科植物木通 *Akebia quinata* 茎横切面（示双子叶植物木质藤本茎次生构造）
1. 周皮；2. 皮层；3. 中柱鞘；4. 次生韧皮部；5. 维管形成层；6. 维管射线；7. 次生木质部；8. 髓

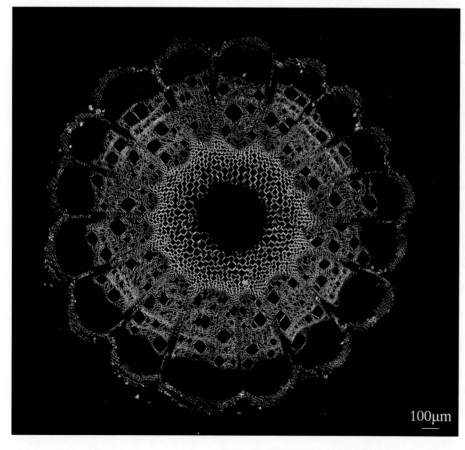

木通科植物木通 *Akebia quinata* 茎横切面（示双子叶植物木质藤本茎次生构造，偏光）

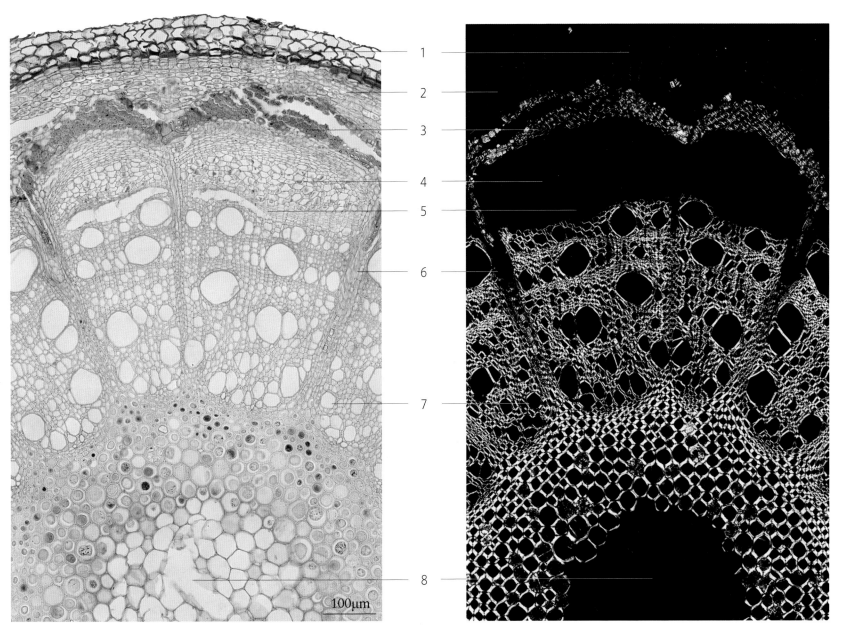

木通科植物木通 *Akebia quinata* 茎横切面（示双子叶植物木质藤本茎次生构造，明场、偏光对照）
1. 周皮；2. 皮层；3. 中柱鞘；4. 次生韧皮部；5. 维管形成层；6. 维管射线；7. 次生木质部；8. 髓

特征解析

  木通茎横切面中，有的栓内层细胞含草酸钙小棱晶。皮层细胞中有的也含有数个小棱晶。中柱鞘由含晶纤维束与含晶石细胞群交替排列成连续的浅波浪形，纤维胞腔内含小棱晶，含晶石细胞内含 1 至数个棱晶。韧皮射线的中央有 1~3 列含晶石细胞与中柱鞘含晶石细胞相连；木射线中央的数列细胞亦常含棱晶。髓周细胞圆形，壁厚，木化，常含 1 至数个棱晶，中央薄壁细胞，壁不木化。

双子叶植物茎和根状茎的异常构造

一些双子叶植物的茎和根状茎在次生生长后，某部分的薄壁组织重新恢复分生能力，形成一些额外的维管组织，称为异常构造。

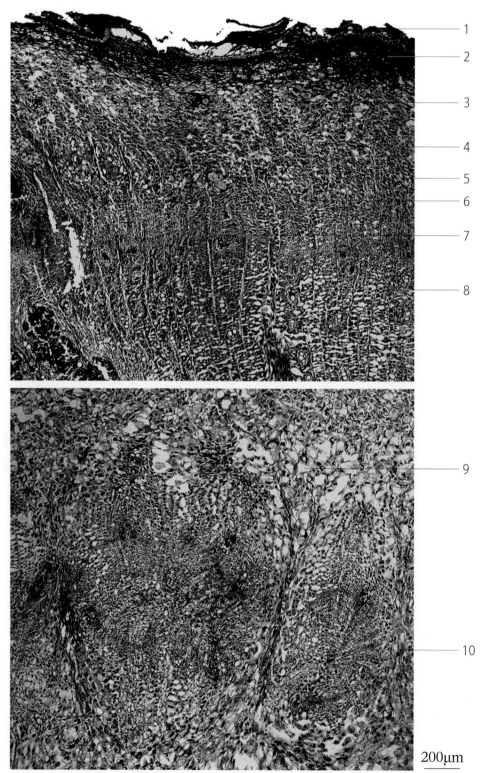

蓼科植物掌叶大黄 *Rheum palmatum* 根状茎横切面

1.木栓层；2.皮层；3.草酸钙簇晶；4.次生韧皮部；5.黏液腔；6.射线；7.维管形成层；8.次生木质部；9.髓；10.异型维管束

200μm

一、 髓维管束

蓼科植物大黄属 *Rheum* 掌叶组 Sect. *Palmata* 的多种植物茎和根状茎具有发达的髓，在髓部形成的维管束是茎和根状茎的异常类型，称"髓维管束"。如大黄根状茎髓部呈点状特殊的周木型维管束，内方为韧皮部，常见黏液腔，外方为木质部，导管不发达，形成层为环状，射线呈星芒状排列，习称"星点"。

10mm

蓼科植物掌叶大黄 *Rheum palmatum* 根状茎断面

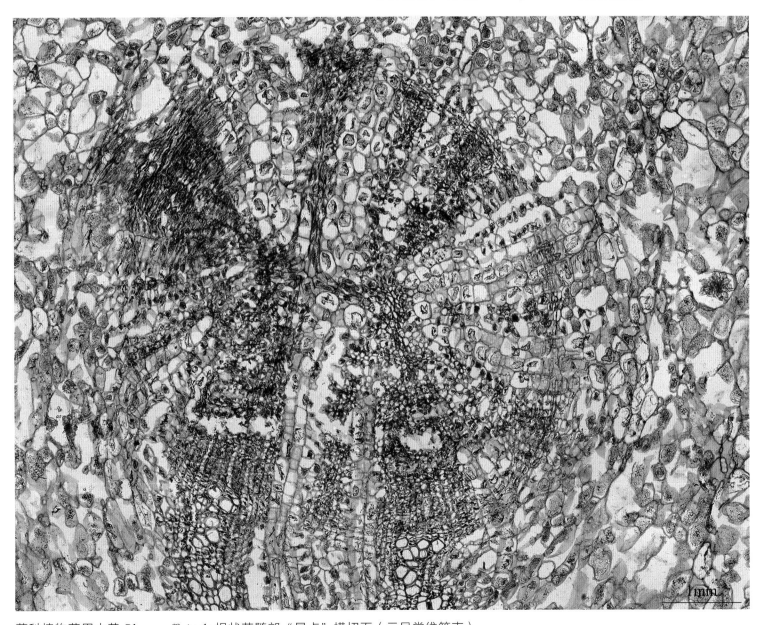

1mm

蓼科植物药用大黄 *Rheum officinale* 根状茎髓部"星点"横切面（示异常维管束）

二、 同心环状排列的异常维管组织

在某些双子叶植物茎内，初生生长和早期次生生长都是正常的。当正常的次生生长发育到一定阶段后，次生维管束外围又形成多轮呈同心环状排列的异常维管组织。

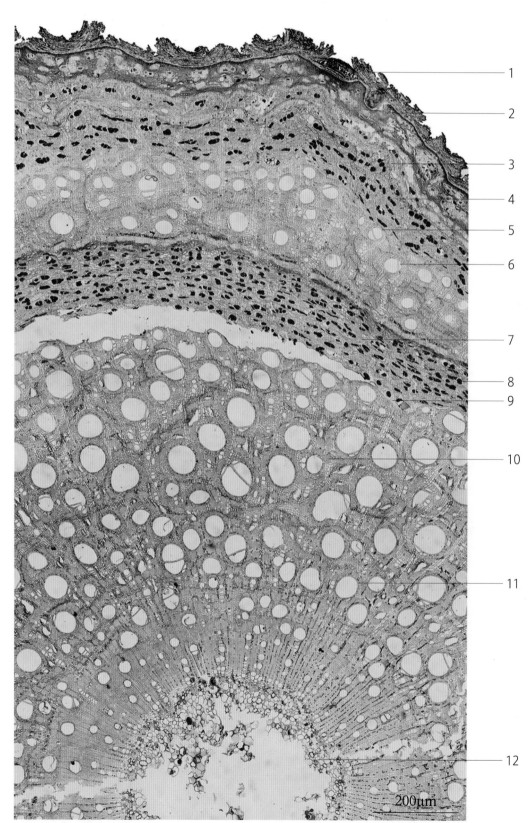

200μm

豆科植物密花豆 *Spatholobus suberectus* 茎横切面

1.周皮；2.皮层；3.厚壁组织环带；4.异常维管束的韧皮部；5.异常维管束的形成层；6.异常维管束的木质部；7.正常维管束的次生韧皮部；8.分泌细胞；9.正常维管束的形成层；10.纤维束；11.正常维管束的次生木质部；12.髓

密花豆茎横切面特征：栓内层细胞内含棕色物。皮层细胞含黄棕色物，皮层中石细胞众多，胞腔内多含棕色物，少数含草酸钙方晶，石细胞周围有的细胞含草酸钙方晶；分泌细胞少数。异常维管束与正常维管束的韧皮部最外侧为由石细胞与纤维组成的厚壁组织环带，石细胞较皮层石细胞小，环带内外两侧细胞有时含方晶，韧皮部分泌细胞多数，相聚成群，常切向排列，分泌物黄棕色、红棕色；纤维束众多，周围细胞含方晶形成晶纤维；石细胞少数；射线中有的细胞含方晶。异常维管束与正常维管束的木质部中木射线细胞有的含棕色物，有的导管内壁附有新月形棕色块状物，木薄壁细胞多含棕色物，其间散布分泌细胞；木纤维为晶纤维。髓部小，环髓分泌细胞较多。

豆科植物密花豆 *Spatholobus suberectus* 茎断面

单子叶植物茎的构造

　　单子叶植物的茎一般没有形成层和木栓形成层，不能无限增粗，终生只具初生构造。单子叶植物茎由表皮、机械组织、基本组织、维管束等组成。

　　表皮由1层细胞构成，排列较整齐、紧密，通常不产生周皮。禾本科植物茎秆的表皮下方，常有数层厚壁细胞分布，以增强支持作用。表皮以内为基本薄壁组织和散布在其中的多数单个维管束，无皮层、髓与髓射线之分。维管束为有限外韧维管束，由维管束鞘、初生韧皮部和初生木质部组成。多数禾本科植物茎的中央部位（相当于髓部）萎缩破坏，形成中空的茎秆。

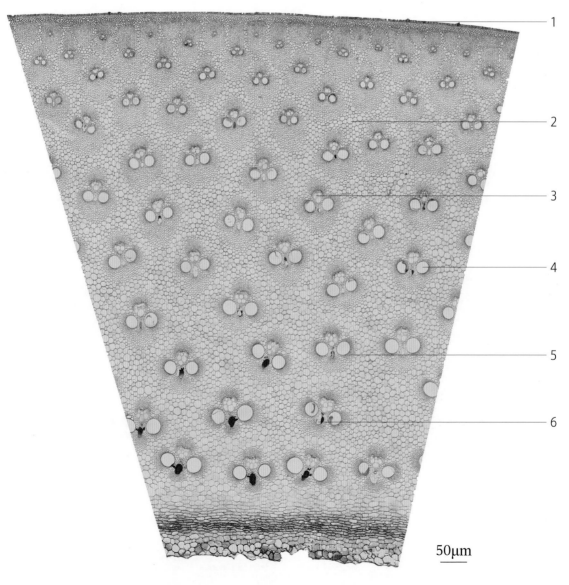

50μm

禾本科植物毛竹 *Phyllostachys edulis* 茎横切面
1.表皮；2.基本组织；3.初生韧皮部；4.初生木质部；5.维管束鞘；6.气腔

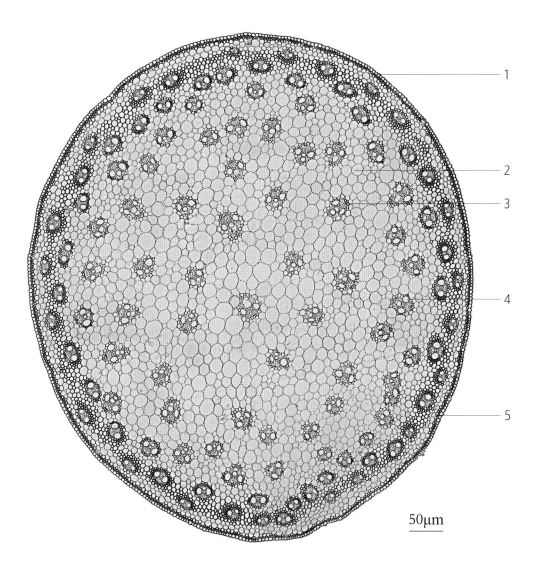

禾本科植物玉蜀黍 *Zea mays* 茎横切面
1.表皮；2.基本组织；3.初生韧皮部；
4.初生木质部；5.厚壁组织

50μm

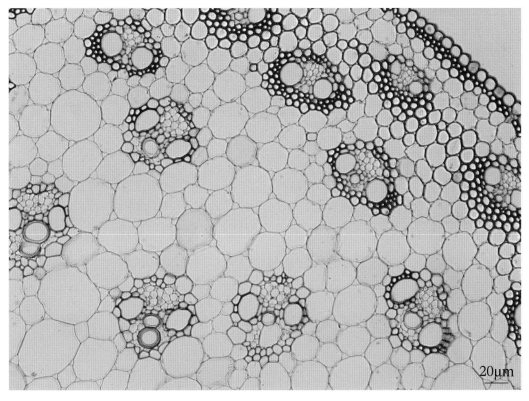

禾本科植物玉蜀黍 *Zea mays* 茎横切面
（局部放大，示维管束）

20μm

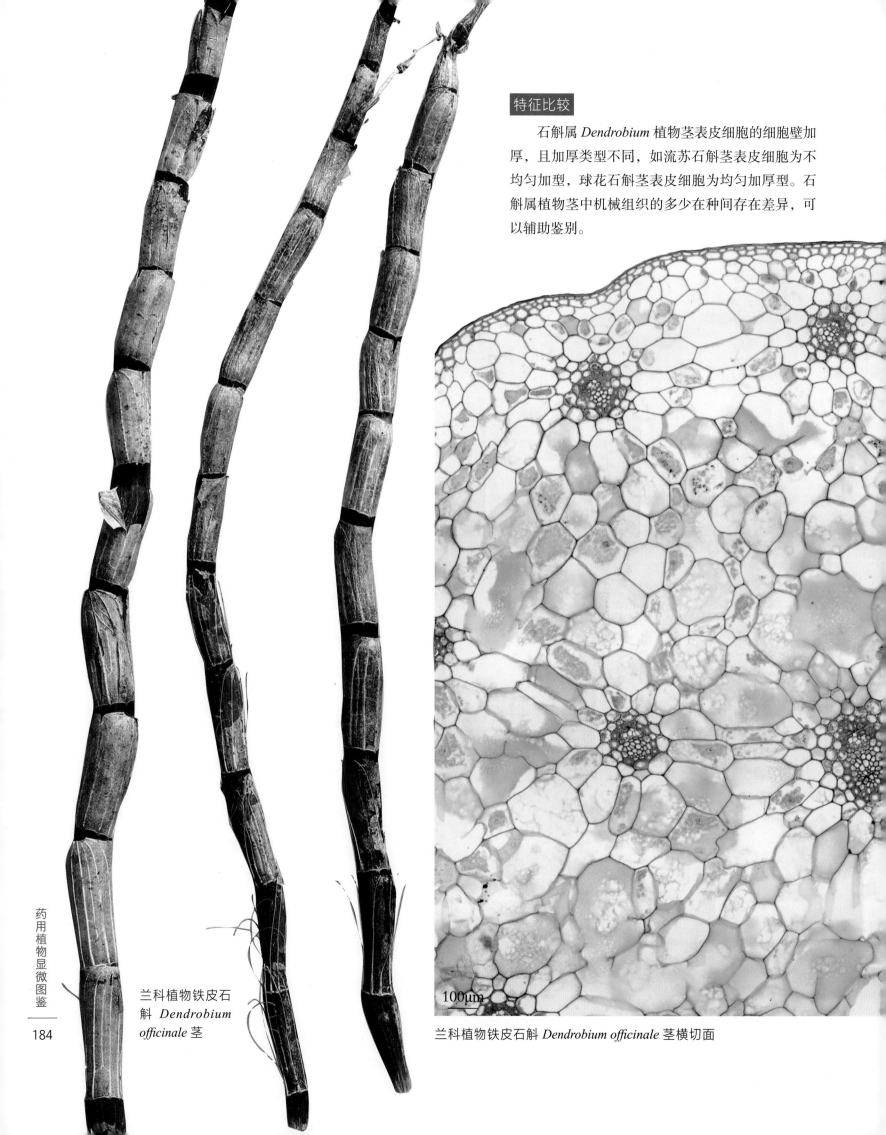

特征比较

　　石斛属 *Dendrobium* 植物茎表皮细胞的细胞壁加厚，且加厚类型不同，如流苏石斛茎表皮细胞为不均匀加型，球花石斛茎表皮细胞为均匀加厚型。石斛属植物茎中机械组织的多少在种间存在差异，可以辅助鉴别。

100μm

兰科植物铁皮石斛 *Dendrobium officinale* 茎横切面

兰科植物铁皮石斛 *Dendrobium officinale* 茎

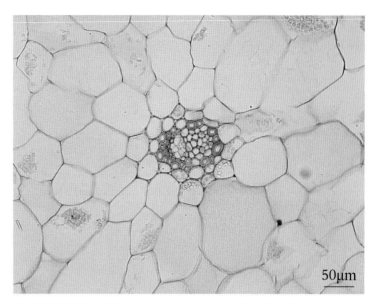

兰科植物铁皮石斛 *Dendrobium officinale* 茎横切面（示维管束）

兰科植物铁皮石斛 *Dendrobium officinale* 茎横切面（示维管束）

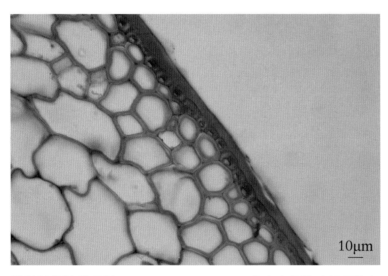

兰科植物流苏石斛 *Dendrobium fimbriatum* 茎表皮细胞（示不均匀加厚型）

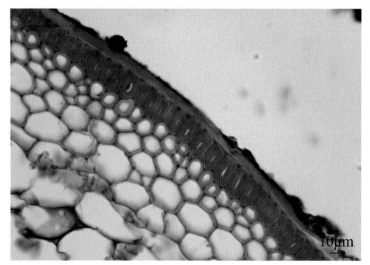

兰科植物球花石斛 *Dendrobium thyrsiflorum* 茎表皮细胞（示均匀加厚型）

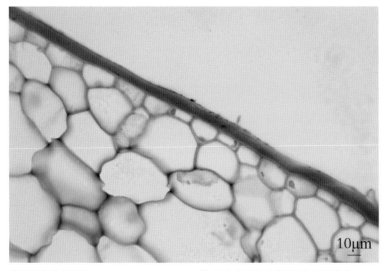

兰科植物石斛 *Dendrobium nobile* 茎表皮细胞（示不加厚型）

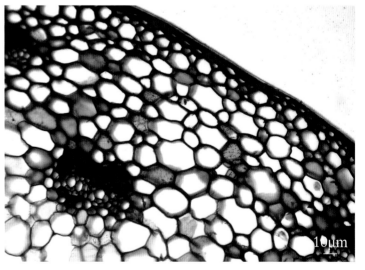

兰科植物钩状石斛 *Dendrobium aduncum* 茎表皮细胞

茎中维管束特征是单子叶植物的鉴别点之一。同一物种，茎上部和下部的维管束数目也存在差异。不同物种之间，维管束的大小、数目、维管束鞘类型等方面多有差异。

霍山石斛茎中维管束的数目由下向上呈现"少—多—少"的趋势。

兰科植物霍山石斛 *Dendrobium huoshanense* 茎

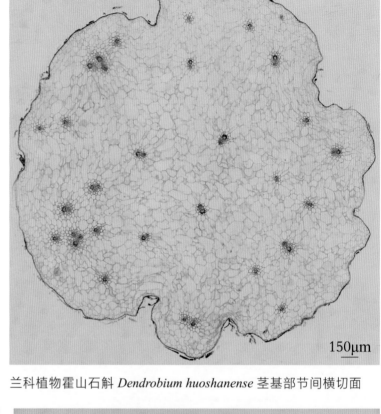

兰科植物霍山石斛 *Dendrobium huoshanense* 茎基部节间横切面

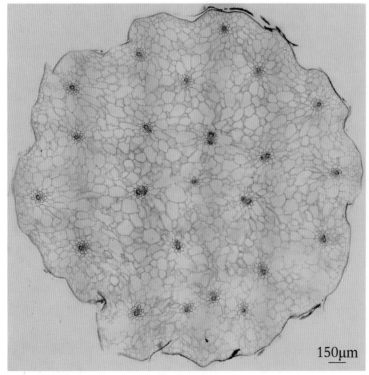

兰科植物霍山石斛 *Dendrobium huoshanense* 茎中部节间横切面

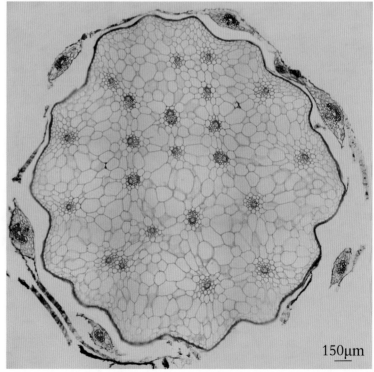

兰科植物霍山石斛 *Dendrobium huoshanense* 茎上部节间横切面

兰科植物霍山石斛 *Dendrobium huoshanense*

按语

　　霍山石斛来源于兰科植物霍山石斛 *Dendrobium huoshanense* 的茎。霍山石斛以形似蚱蜢髀，味甘，黏性足，无渣为佳。《本草经集注》："形似蚱蜢髀者为佳。"《本草纲目拾遗》引《百草镜》，曰："近时有一种形短只寸许，细如灯心，色青黄，咀之味甘，微有滑涎，系出六安县及颍州府霍山县，名霍山石斛，最佳。""黏性足""微有滑涎"与霍山石斛茎中黏液细胞有关，"无渣"与霍山石斛茎中维管束数目少的特征一致。

霍山石斛、铁皮石斛、铜皮石斛与河南石斛在茎中部的维管束数目上存在一定差异。

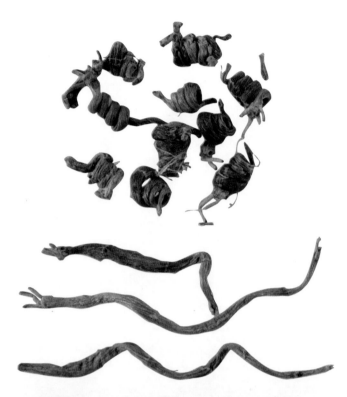

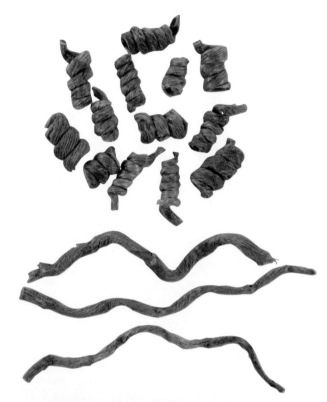

兰科植物霍山石斛 *Dendrobium huoshanense* 枫斗

兰科植物铁皮石斛 *Dendrobium officinale* 枫斗

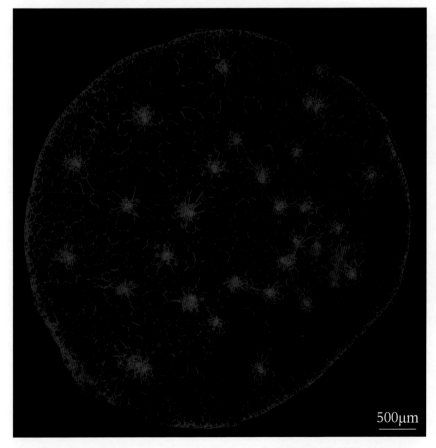

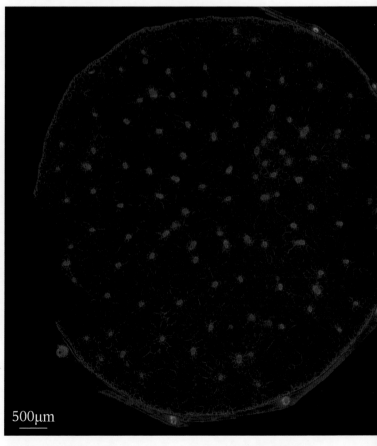

500μm

500μm

兰科植物霍山石斛 *Dendrobium huoshanense* 茎中部节间横切面（荧光）

兰科植物铁皮石斛 *Dendrobium officinale* 茎中部节间横切面（荧光）

兰科植物铜皮石斛 *Dendrobium moniliforme* 枫斗

兰科植物河南石斛 *Dendrobium henanense* 枫斗

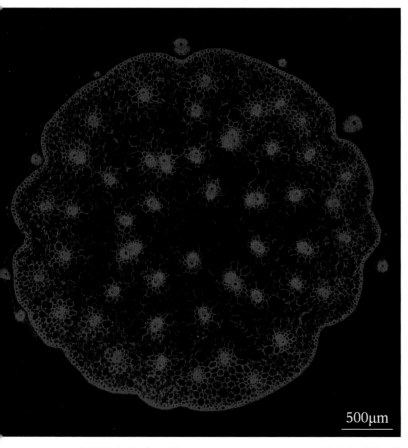

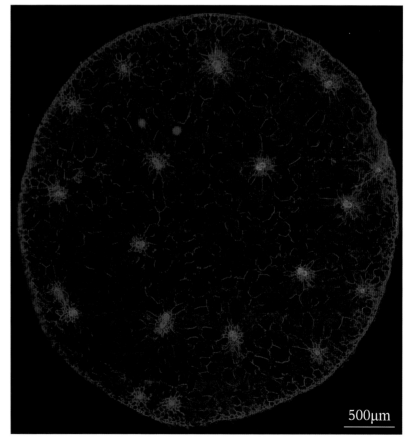

兰科植物铜皮石斛 *Dendrobium moniliforme* 茎中部节间横切面（荧光）

兰科植物河南石斛 *Dendrobium henanense* 茎中部节间横切面（荧光）

特征解析

石斛属 *Dendrobium* 植物茎中维管束鞘有单帽状、双帽状和环式等类型，组成维管束鞘的厚壁细胞的加厚程度也存在差异。

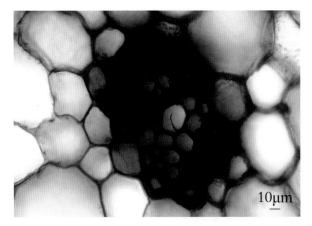

兰科植物钩状石斛 *Dendrobium aduncum* 茎中维管束（示维管束鞘双帽状）

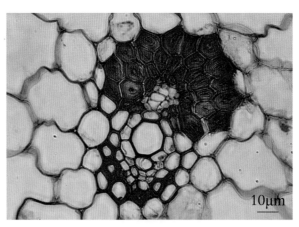

兰科植物钩状石斛 *Dendrobium aduncum* 茎中维管束（示维管束鞘双帽状）

兰科植物紫婉石斛 *Dendrobium transparens* 茎中维管束（示维管束鞘双帽状）

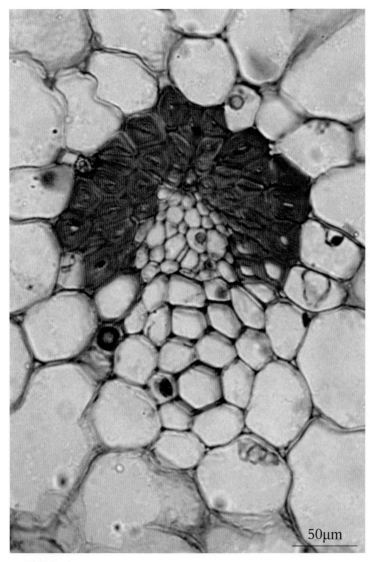

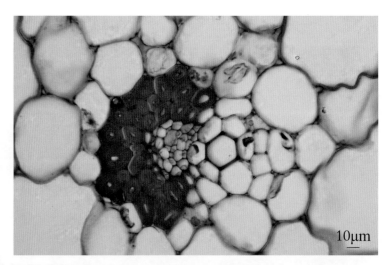

兰科植物长苏石斛 *Dendrobium brymerianum* 茎中维管束（示维管束鞘单帽状）

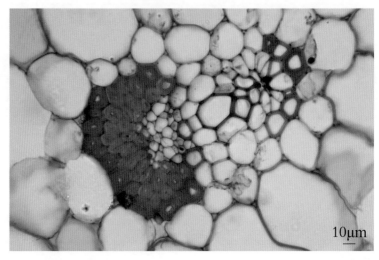

兰科植物长苏石斛 *Dendrobium brymerianum* 茎中维管束（示维管束鞘单帽状）

兰科植物长苏石斛 *Dendrobium brymerianum* 茎中维管束（示维管束鞘单帽状）

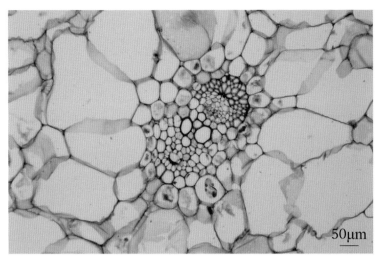

兰科植物大苞鞘石斛 *Dendrobium wardianum* 茎中维管束（示维管束鞘单帽状）

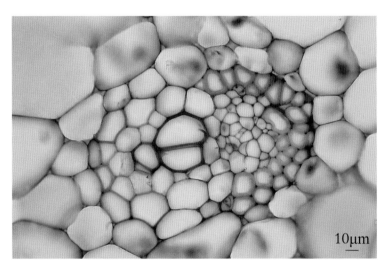

兰科植物大苞鞘石斛 *Dendrobium wardianum* 茎中维管束（示维管束鞘单帽状）

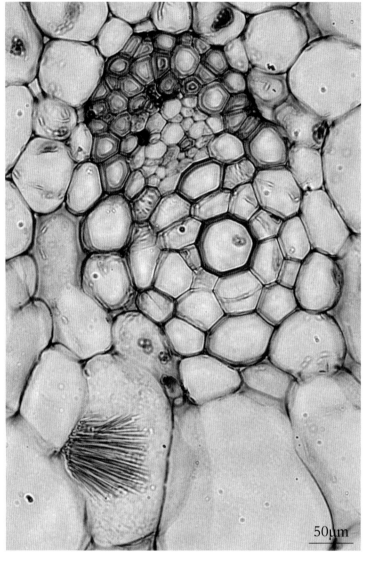

兰科植物大苞鞘石斛 *Dendrobium wardianum* 茎中维管束（示维管束鞘单帽状）

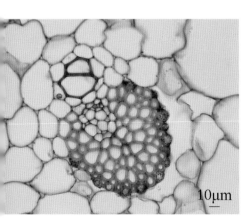

兰科植物鼓槌石斛 *Dendrobium chrysotoxum* 茎中维管束（示维管束鞘单帽状）

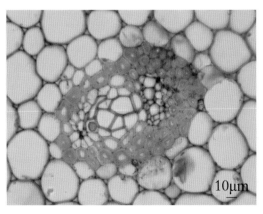

兰科植物长苏石斛 *Dendrobium brymerianum* 茎中维管束（示维管束鞘环式）

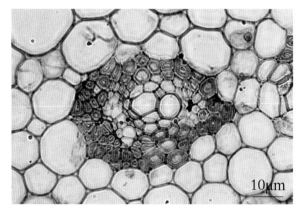

兰科植物长苏石斛 *Dendrobium brymerianum* 茎中维管束（示维管束鞘环式）

第九节

单子叶植物根状茎的构造

单子叶植物根状茎通常由表皮、皮层和维管束组成。多数单子叶植物根状茎的外层是表皮，或木栓化细胞层，如射干。禾本科植物根状茎表皮较特殊，表皮细胞平行排列，每纵行多为1个长形细胞和2个短细胞纵向相间排列，长形细胞为角质化的表皮细胞，短细胞中1个是栓化细胞，1个是硅质细胞，如芦苇。皮层常占较大体积，常分布有叶迹维管束，也常有纤维束分散存在。有的种类内皮层明显，具凯氏带，如石菖蒲；也有的种类内皮层不明显，如射干。维管束散在，多为有限外韧型，也有周木型，有的兼有有限外韧型和周木型2种。

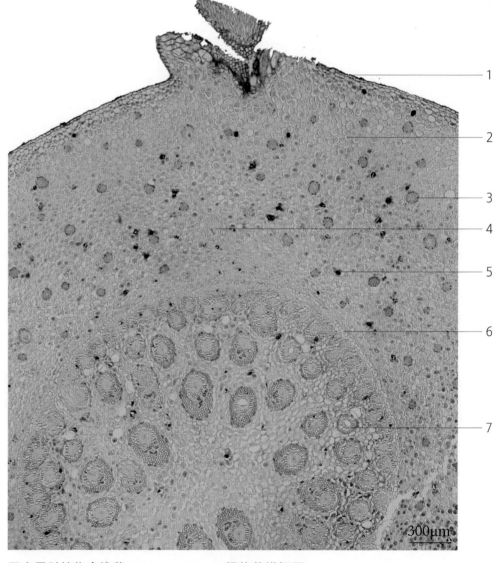

300μm

天南星科植物金钱蒲 *Acorus gramineus* 根状茎横切面
1. 表皮；2. 皮层；3. 纤维束；4. 叶迹维管束；5. 油细胞；6. 内皮层；7. 周木维管束

天南星科植物金钱蒲 *Acorus gramineus* 根状茎

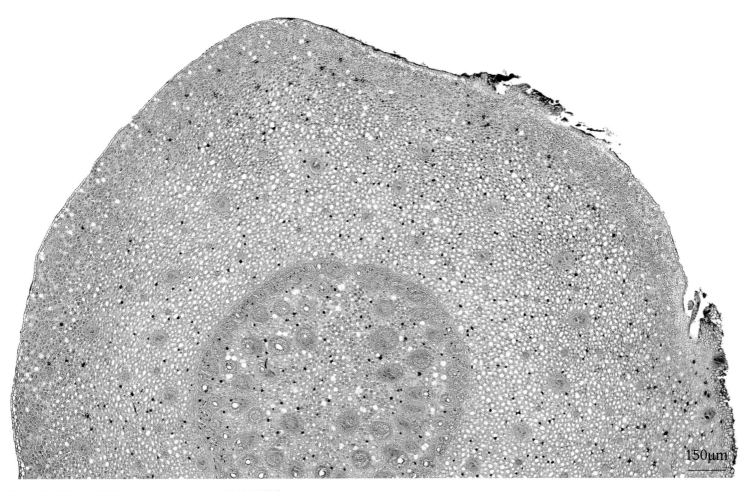

天南星科植物金钱蒲 *Acorus gramineus* 根状茎横切面

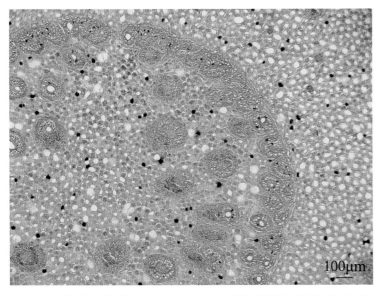

天南星科植物金钱蒲 *Acorus gramineus* 根状茎横切面（局部放大，示周木型维管束）

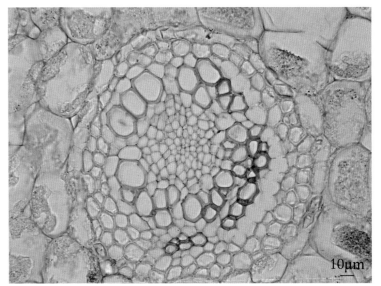

天南星科植物金钱蒲 *Acorus gramineus* 根状茎横切面（局部放大，示周木型维管束）

特征解析

  金钱蒲 *Acorus gramineus* 根状茎皮层中散有纤维束和叶迹维管束。叶迹维管束常呈一定弧度有规律排列，有限外韧型，维管束鞘纤维成环，周围的薄壁细胞含草酸钙方晶；纤维束面积较小，周围的薄壁细胞也含草酸钙方晶。内皮层明显，可见凯氏点。周木维管束外侧具维管束鞘，周围的薄壁细胞也含有草酸钙方晶。

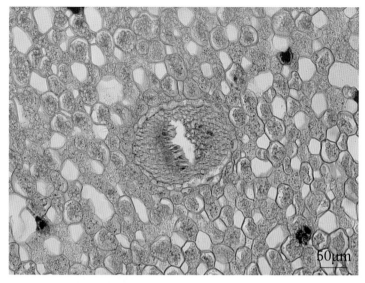

天南星科植物金钱蒲 *Acorus gramineus* 根状茎横切面（局部放大，示叶迹维管束）

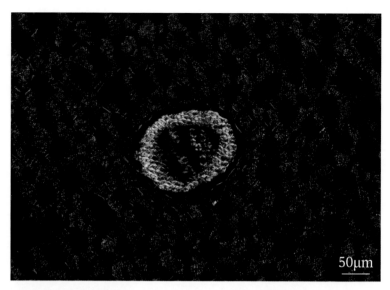

天南星科植物金钱蒲 *Acorus gramineus* 根状茎横切面（局部放大，示叶迹维管束，偏光）

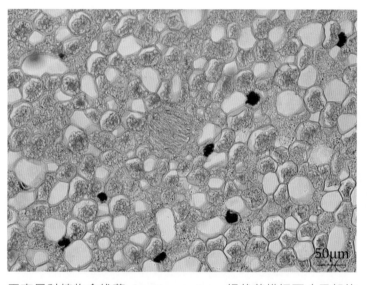

天南星科植物金钱蒲 *Acorus gramineus* 根状茎横切面（局部放大，示纤维束）

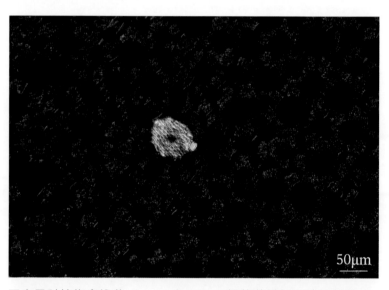

天南星科植物金钱蒲 *Acorus gramineus* 根状茎横切面（局部放大，示纤维束，偏光）

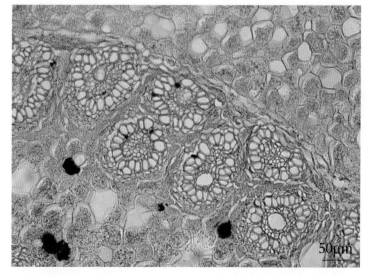

天南星科植物金钱蒲 *Acorus gramineus* 根状茎横切面（局部放大，示周木型维管束）

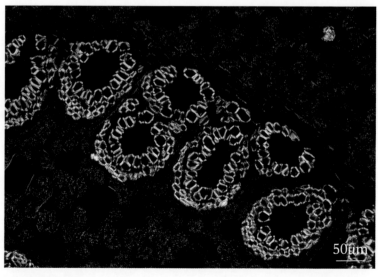

天南星科植物金钱蒲 *Acorus gramineus* 根状茎横切面（局部放大，示周木型维管束，偏光）

天南星科植物金钱蒲 *Acorus gramineus* 及其生境

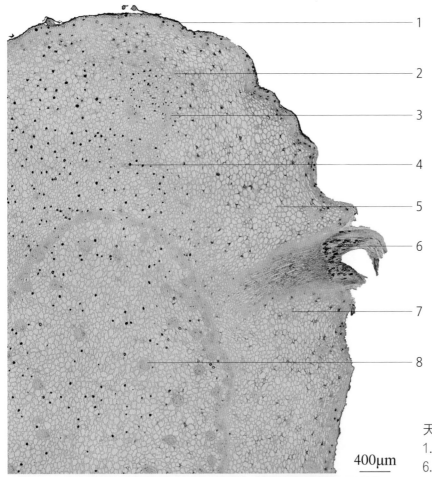

菖蒲，载于《神农本草经》，列为上品。《本草原始》："入药以紧小似鱼鳞者为佳。"《本草从新》："生水石间，不沾土。根瘦节密，一寸九节者良。"金钱蒲 Acorus tatarinowii 与菖蒲 Acorus calamus，前者生于溪涧，根状茎中通气组织不发达，干燥后紧实；后者生于池塘，根状茎中通气组织发达，干燥后较虚软。两者的另外一个区别：石菖蒲的纤维束与维管束周围薄壁细胞含方晶，形成晶鞘纤维；菖蒲的维管束与维管束周围薄壁细胞则不含方晶，即无晶鞘纤维。

400μm

天南星科植物菖蒲 Acorus calamus 根状茎横切面
1. 表皮；2. 皮层；3. 叶迹维管束；4. 油细胞；5. 通气组织；6. 根迹维管束；7. 纤维束；8. 维管束

天南星科植物菖蒲 Acorus calamus 及其生境

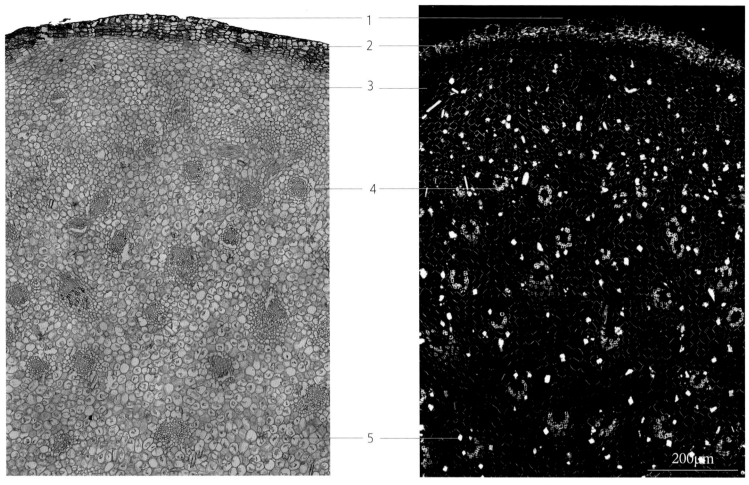

鸢尾科植物射干 *Belamcanda chinensis* 根状茎横切面（明场、偏光对照）
1. 表皮；2. 木栓层；3. 皮层；4. 维管束；5. 草酸钙柱晶

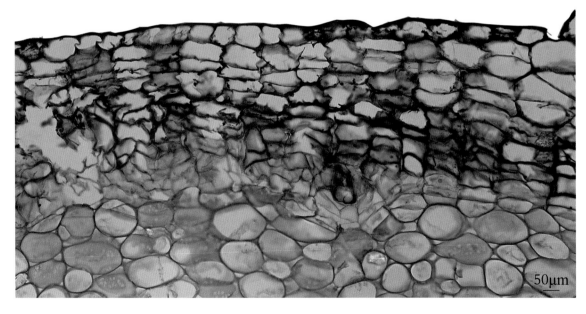

鸢尾科植物射干 *Belamcanda chinensis* 根状茎横切面（局部放大，示表皮下有木栓化细胞层）

50μm

特征解析

　　射干来源于鸢尾科植物射干 *Belamcanda chinensis* 的根状茎。射干的根状茎横切面主要特征：表皮细胞残存，同时也见到木栓细胞；内皮层不明显；中柱维管束有周木型及外韧型；薄壁细胞中含有草酸钙柱晶、淀粉粒及油滴。

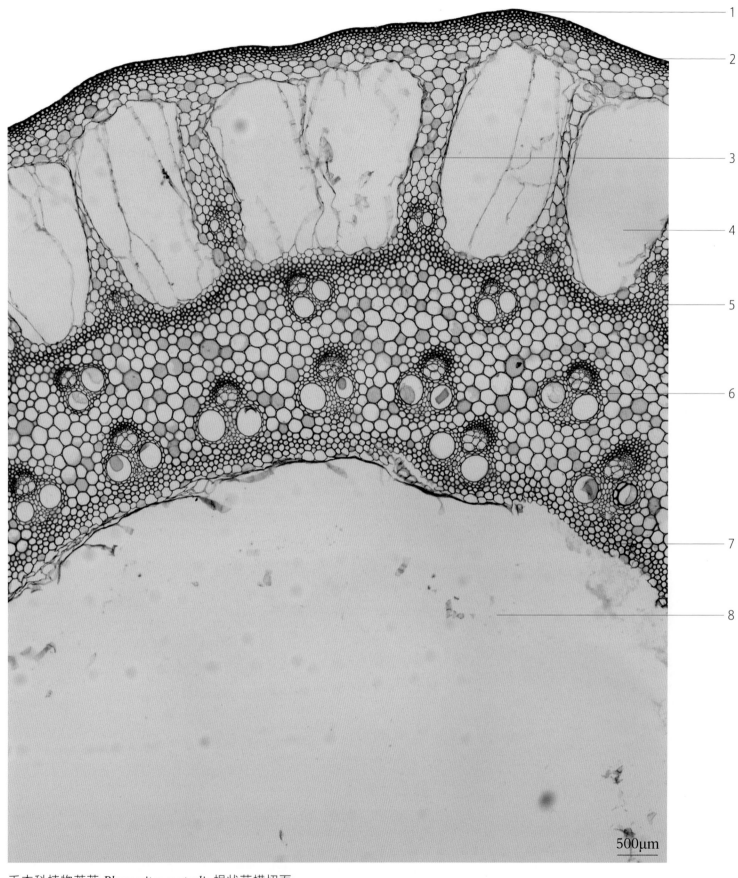

1
2
3
4
5
6
7
8

500μm

禾本科植物芦苇 *Phragmites australis* 根状茎横切面
1. 表皮；2. 下皮纤维；3. 皮层；4. 气腔；5. 外侧束间纤维；6. 维管束；7. 内侧束间纤维；8. 髓

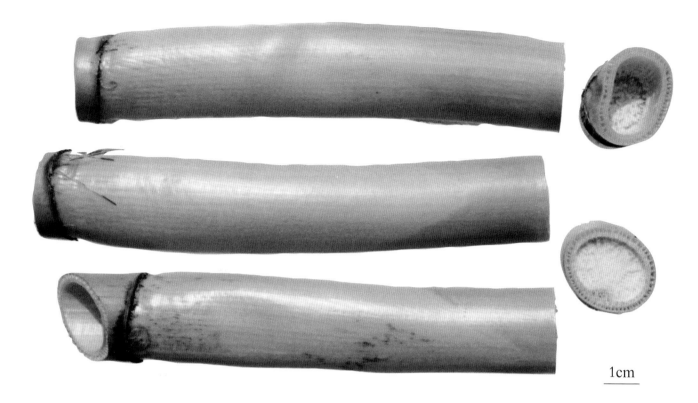

禾本科植物芦苇 *Phragmites australis* 根状茎

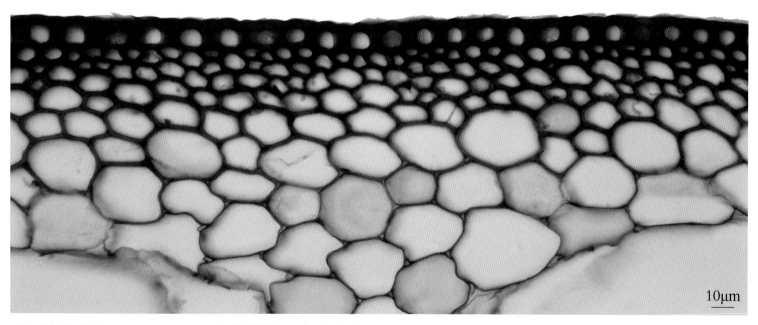

禾本科植物芦苇 *Phragmites australis* 根状茎横切面（局部放大，示表皮及下皮纤维）

特征解析

芦根来源于禾本科植物芦苇 *Phragmites australis* 的根状茎。芦苇根状茎横切面上，中空，有小孔排列成环。中空，即中部宽大的髓，呈空洞状；小孔，即皮层中类方形气腔。

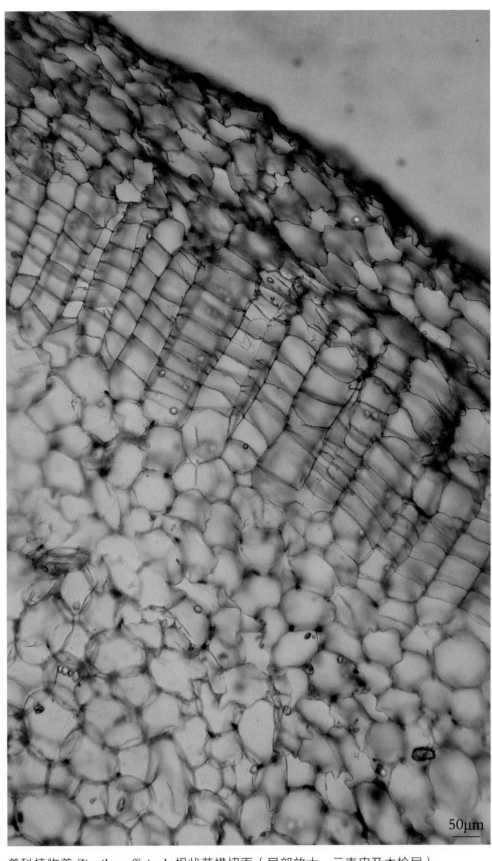

姜科植物姜 *Zingiber officinale*

姜科植物姜 *Zingiber officinale* 根状茎横切面（局部放大，示表皮及木栓层）

姜科植物姜 *Zingiber officinale* 根状茎（示断面）

按语

　　生姜来源于姜科植物姜 *Zingiber officinale* 的新鲜根状茎。姜根状茎的外皮入药，称为"生姜皮"，由表皮及木栓层构成。

裸子植物木质茎的次生构造

　　裸子植物木质茎构造与双子叶植物木质茎基本相似，在输导组织组成上有明显区别。次生木质部主要由管胞、木薄壁细胞及射线组成，或无木薄壁细胞，除麻黄和买麻藤等买麻藤纲的植物以外，裸子植物均无导管。次生韧皮部由筛胞、韧皮薄壁细胞组成，无筛管、伴胞和韧皮纤维。松柏类植物茎的皮层、韧皮部、木质部、髓及髓射线中常有树脂道分布。

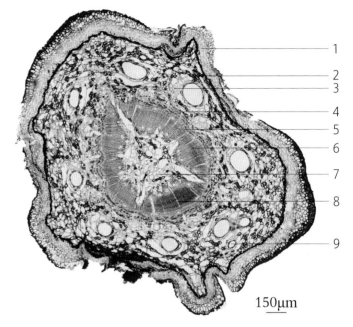

150μm

松科松属 *Pinus* sp. 一年生茎横切面
1.周皮；2.油细胞；3.皮层；4.次生韧皮部；5.维管形成层；
6.次生木质部；7.髓；8.髓射线；9.树脂道

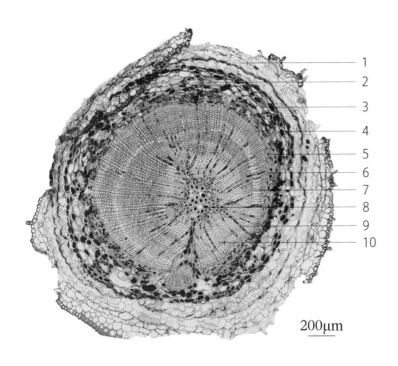

200μm

松科松属 *Pinus* sp. 二年生茎横切面
1.周皮；2.树脂道；3.皮层；4.油细胞；5.次生韧皮部；
6.维管形成层；7.年轮；8.髓；9.髓射线；10.次生木质部

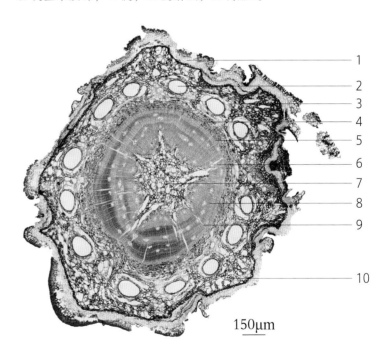

150μm

松科松属 *Pinus* sp. 三年生茎横切面
1.周皮；2.树脂道；3.皮层；4.次生韧皮部；5.维管形成层；
6.次生木质部；7.髓；8.年轮；9.髓射线；10.油细胞

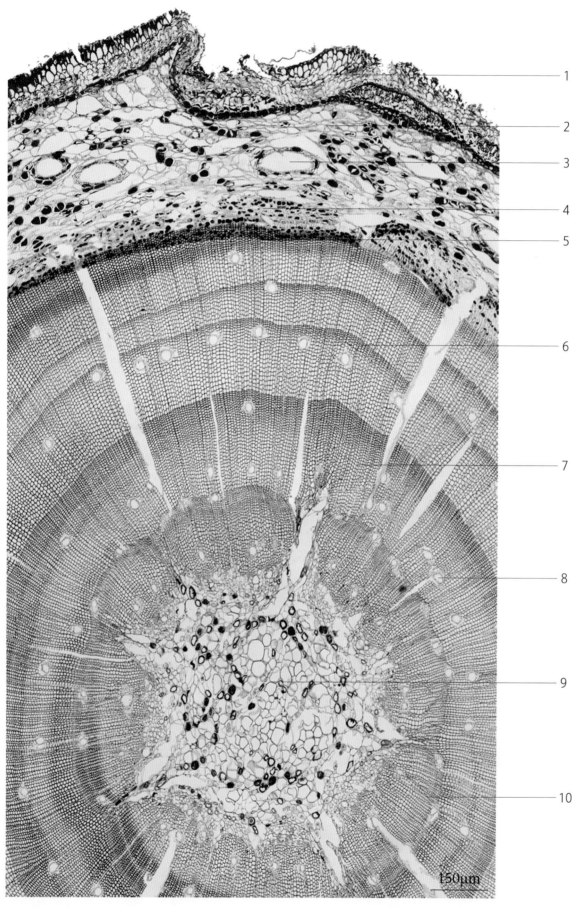

松科松属 *Pinus* sp. 五年生茎横切面

1. 周皮；2. 皮层；3. 树脂道；4. 次生韧皮部；5. 维管形成层；6. 年轮；7. 次生木质部；
8. 树脂道；9. 髓；10. 髓射线

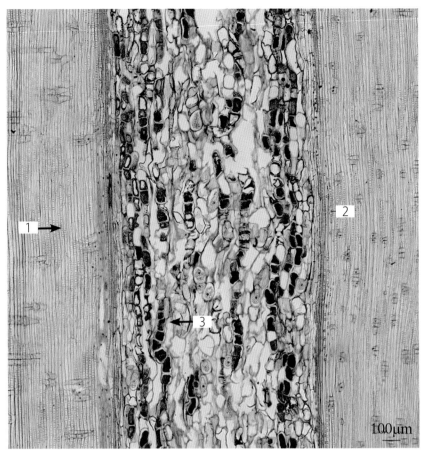

松科松属 *Pinus* sp. 茎贯心纵切面
1. 木射线；2. 具缘纹孔；3. 髓

松科松属 *Pinus* sp. 茎着边纵切面
1. 周皮；2. 皮层；3. 具缘纹孔；4. 木射线

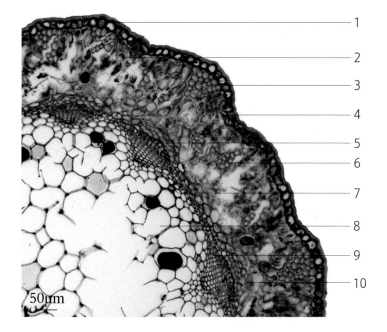

1
2
3
4
5
6
7
8
9
10

50μm

麻黄科植物草麻黄 *Ephedra sinica* 茎横切面
1. 表皮；2. 皮层；3. 下皮纤维束；4. 气孔；5. 次生韧皮部；6. 皮层纤维束；7. 次生木质部；8. 髓；9. 维管形成层；10. 中柱鞘纤维束

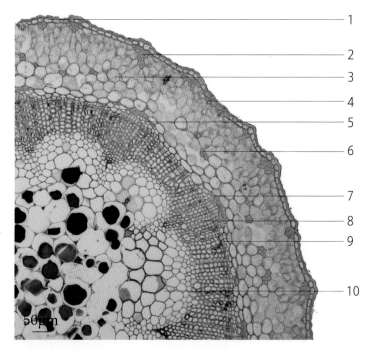

1
2
3
4
5
6
7
8
9
10

50μm

麻黄科植物木贼麻黄 *Ephedra equisetina* 茎横切面
1. 表皮；2. 下皮纤维束；3. 皮层；4. 气孔；5. 次生韧皮部；6. 皮层纤维束；7. 中柱鞘纤维束；8. 次生木质部；9. 维管形成层；10. 髓

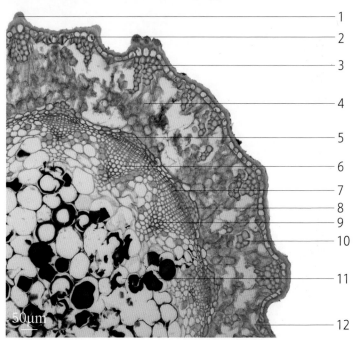

1
2
3
4
5
6
7
8
9
10
11
12

50μm

麻黄科植物中麻黄 *Ephedra intermedia* 茎横切面
1. 角质层；2. 表皮；3. 下皮纤维束；4. 皮层；5. 中柱鞘纤维束；6. 次生木质部；7. 次生韧皮部；8. 维管形成层；9. 环髓纤维；10. 皮层纤维束；11. 髓；12. 气孔

麻黄，载于《神农本草经》，列为中品。《中国药典》规定麻黄来源于麻黄科植物草麻黄 *Ephedra sinica*、木贼麻黄 *Ephedra equisetina* 和中麻黄 *Ephedra intermedia* 的草质茎。三者在横切面上有一定差异。草麻黄棱线16~24个，皮层纤维束少数，环髓纤维无或有极少数；木贼麻黄棱线13~14个，皮层纤维束多，无环髓纤维；中麻黄棱线18~28个，皮层纤维束多，环髓纤维多见。传统经验鉴别认为麻黄具有"玫瑰心"者为佳。"玫瑰心"即指麻黄的近红色髓部。在横切面上，3种麻黄的髓部宽广，其薄壁细胞含棕色物质，即肉眼所观察的"玫瑰心"。

麻黄科植物草麻黄 *Ephedra sinica*

麻黄科植物中麻黄 *Ephedra intermedia*

200μm

麻黄属 *Ephedra* sp. 茎断面

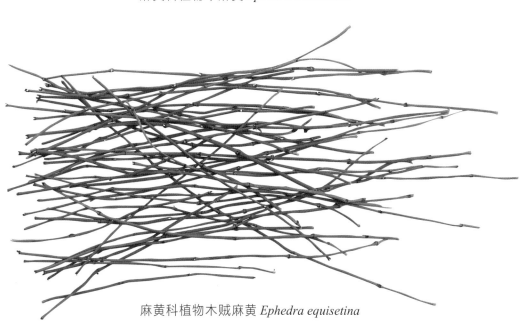

麻黄科植物木贼麻黄 *Ephedra equisetina*

叶着生在茎节上，一般为绿色扁平体，是植物体内叶绿体的主要存在部位，具有向光性。叶是植物进行光合作用、气体交换和蒸腾作用的重要器官，同时可以制造有机养料。

一般植物的叶均为水平方向生长，因此在叶的构造上有背面和腹面的区别。在构造上具有背腹面区别的为背腹叶，无背腹面区别的为等面叶。

第五章

——

药用植物叶的构造

禾本科植物淡竹叶 *Lophatherum gracile* 叶横切面（偏光）

双子叶植物叶的构造

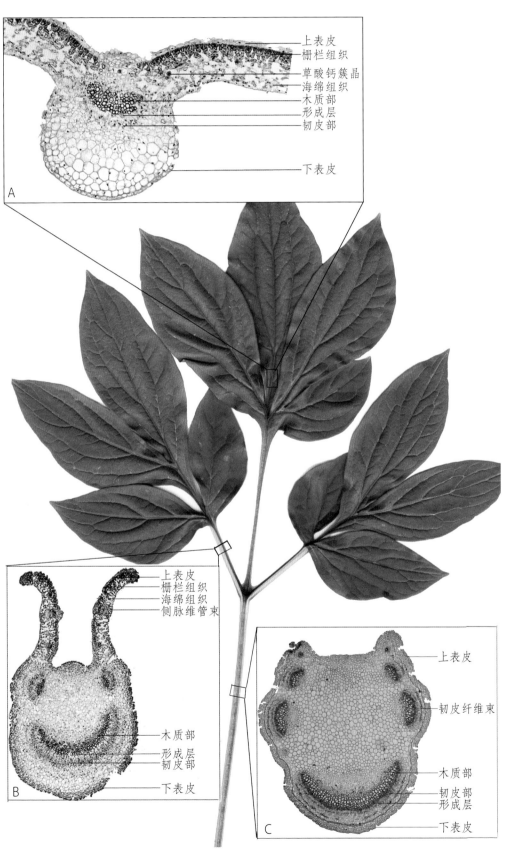

复叶由总叶柄、叶轴、小叶和小叶柄组成。以芍药科植物芍药 *Paeonia lactiflora* 为例，茎下部的叶为二回三出复叶，总叶柄的构造和茎的构造很相似，但叶片是具有背腹面的较薄的扁平体，在构造上与茎有显著不同之处。

A 图标注：
- 上表皮
- 栅栏组织
- 草酸钙簇晶
- 海绵组织
- 木质部
- 形成层
- 韧皮部
- 下表皮

B 图标注：
- 上表皮
- 栅栏组织
- 海绵组织
- 侧脉维管束
- 木质部
- 形成层
- 韧皮部
- 下表皮

C 图标注：
- 上表皮
- 韧皮纤维束
- 木质部
- 韧皮部
- 形成层
- 下表皮

芍药科植物芍药 *Paeonia lactiflora* 叶的形态与结构
A. 小叶主脉横切面；B. 小叶柄横切面；C. 总叶柄横切面

单叶与复叶的小叶结构一致。叶的构造主要指叶柄和叶片的构造。

一、叶柄的构造

叶柄的横切面,向茎的一面平坦或凹下,背茎的一面常凸出。其构造与茎相似,由表皮、皮层、维管柱组成。叶柄的维管束中木质部位于上方(腹面),韧皮部位于下方(背面),木质部与韧皮部间常具短暂活动的形成层。自叶柄中进入叶片的维管束数目可原数不变一直延伸至叶片内,也可分裂成更多的束,或合成为一束。因此叶柄中的维管束变化极大,若从不同水平的横切面上观察常不一致。

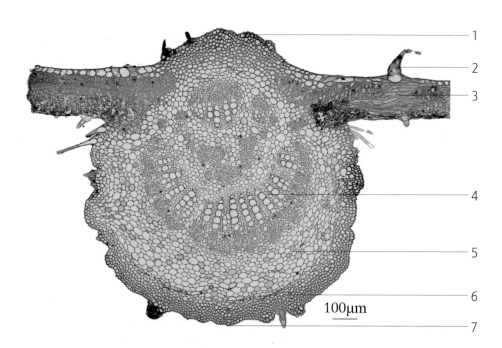

桑科植物无花果 *Ficus carica* 叶横切面
1.上表皮;2.非腺毛;3.叶肉组织;4.中脉维管束;5.基本组织;6.厚角组织;7.下表皮

二、叶片的构造

一般双子叶植物叶片的构造可分为叶脉、表皮和叶肉三部分。

叶脉主要为叶肉中的维管束,主脉和各级侧脉的构造不完全相同。主脉和较大侧脉是由维管束和机械组织组成。维管束的构造和茎相同,由木质部和韧皮部组成,木质部位于向茎面,韧皮部位于背茎面。在木质部和韧皮部之间常具形成层,但分生能力很弱,活动时间很短。在维管束的上下侧,常具厚壁或厚角组织包围,在叶的背面最为发达,因此主脉和大的侧脉在叶片背面常呈显著的突起。多数侧脉维管束在横切面上显示是斜切,这是因为双子叶植物叶为网状脉序,主脉横切,侧脉多显示为斜切。侧脉越分越细,构造也越趋简化,最初消失的是形成层和机械组织,其次是韧皮部,木质部的构造也逐渐简单。叶片主脉部位的上下表皮内侧一般为厚角组织和薄壁组织,无叶肉组织。

桑科植物无花果 *Ficus carica* 叶

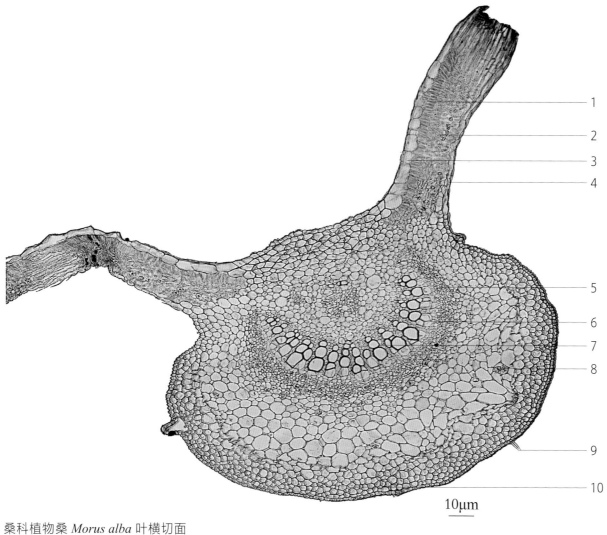

10μm

桑科植物桑 *Morus alba* 叶横切面

1.栅栏组织；2.海绵组织；3.上表皮；4.下表皮；5.韧皮部；6.形成层；7.木质部；8.草酸钙簇晶；9.非腺毛；10.厚角组织

桑科植物桑 *Morus alba* 叶

10mm

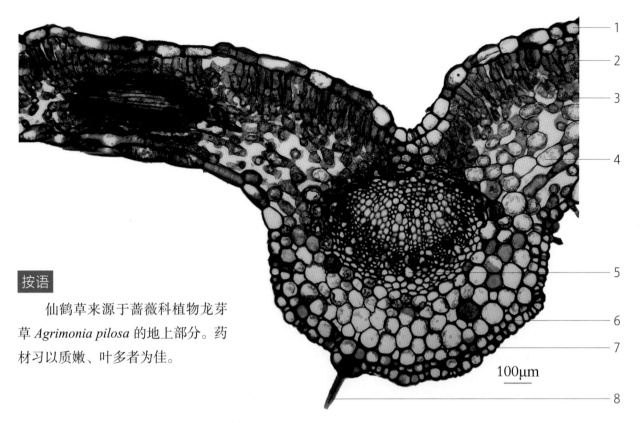

仙鹤草来源于蔷薇科植物龙芽草 *Agrimonia pilosa* 的地上部分。药材习以质嫩、叶多者为佳。

100μm

蔷薇科植物龙芽草 *Agrimonia pilosa* 叶横切面

1.上表皮；2.栅栏组织；3.草酸钙簇晶；4.海绵组织；5.中脉维管束；6.厚角组织；7.下表皮；8.非腺毛

蔷薇科植物龙芽草 *Agrimonia pilosa*

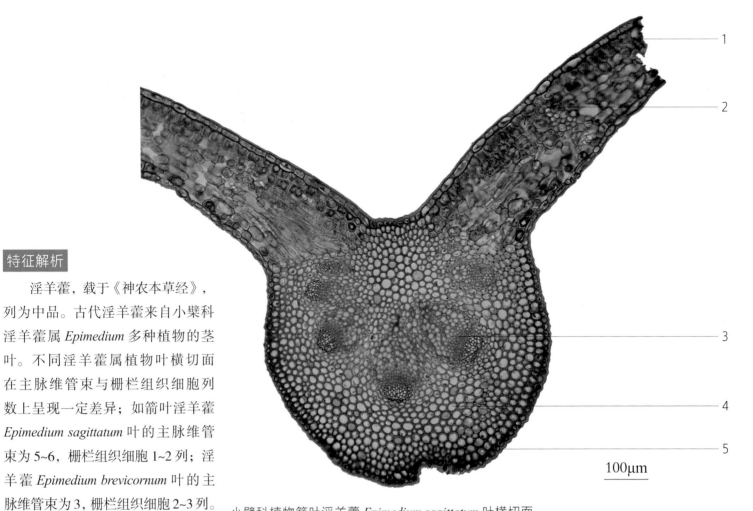

淫羊藿，载于《神农本草经》，列为中品。古代淫羊藿来自小檗科淫羊藿属 *Epimedium* 多种植物的茎叶。不同淫羊藿属植物叶横切面在主脉维管束与栅栏组织细胞列数上呈现一定差异；如箭叶淫羊藿 *Epimedium sagittatum* 叶的主脉维管束为 5~6，栅栏组织细胞 1~2 列；淫羊藿 *Epimedium brevicornum* 叶的主脉维管束为 3，栅栏组织细胞 2~3 列。

100μm

小檗科植物箭叶淫羊藿 *Epimedium sagittatum* 叶横切面
1. 上表皮；2. 叶肉组织；3. 中脉维管束；4. 厚壁组织；5. 下表皮

小檗科植物箭叶淫羊藿 *Epimedium sagittatum*

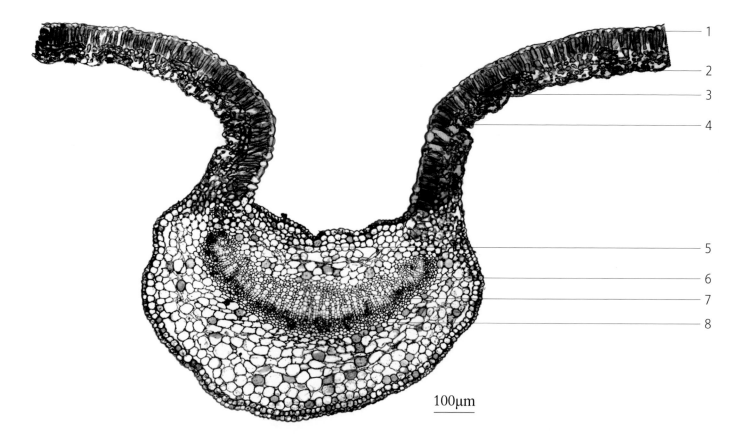

唇形科植物薄荷 *Mentha canadensis* 叶横切面
1.上表皮；2.海绵组织；3.下表皮；4.栅栏组织；5.厚角组织；6.次生木质部；7.形成层；8.次生韧皮部

表皮细胞顶面观，一般呈不规则形，侧壁（垂周壁）多呈波浪状，彼此互相嵌合，紧密相连，无间隙；横切面观，表皮细胞近方形，外壁常较厚，常具角质层，有的还具有蜡被、毛茸等附属物。大多数种类上、下表皮都有气孔分布，一般下表皮的气孔较上表皮为多。

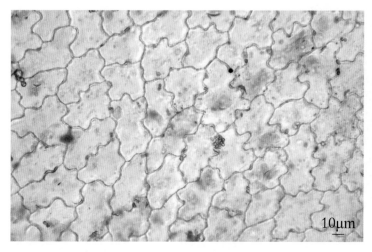

唇形科植物薄荷 *Mentha canadensis* 叶上表皮

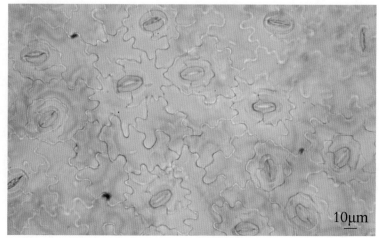

唇形科植物薄荷 *Mentha canadensis* 叶下表皮

特征解析

薄荷 *Mentha canadensis* 叶片上表皮细胞表面观不规则形，壁略弯曲；下表皮细胞壁弯曲，气孔较多，为直轴式。

同属不同植物的叶片表面附属物以及上下表皮的表皮细胞形状、气孔数目常呈现一定差异。

蓼科植物何首乌 *Fallopia multiflora*、棱枝何首乌 *Fallopia multiflora* var. *angulata* 和毛脉首乌 *Fallopia multiflora* var. *ciliinervis* 3 种植物叶片特征比较
A. 何首乌；B. 棱枝何首乌；C. 毛脉首乌； A1、B1、C1. 叶脉上表皮；A2、B2、C2. 叶脉下表皮；
A3、B3、C3. 叶上表皮；A4、B4、C4. 叶下表皮

叶肉位于上、下表皮之间，通常分为栅栏组织和海绵组织。栅栏组织紧接上表皮下方，而海绵组织位于栅栏组织和下表皮之间，这种叶称为两面叶。有些植物在上下表皮内侧均有栅栏组织，称等面叶，如番泻叶。

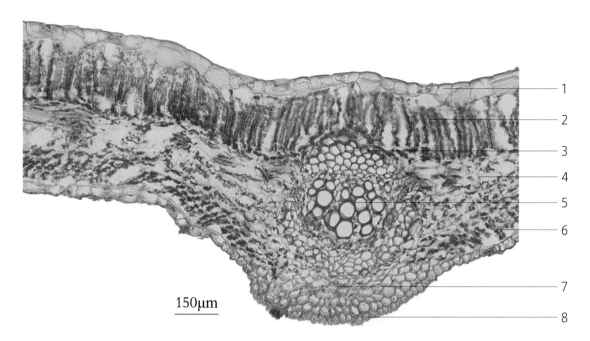

150μm

豆科植物狭叶番泻 *Cassia angustifolia* 或尖叶番泻 *Cassia acutifolia* 的小叶横切面
1.上表皮；2.栅栏组织；3.纤维束；4.海绵组织；5.中脉维管束；6.栅栏组织；7.厚角组织；8.下表皮

特征比较

番泻叶来源于豆科植物狭叶番泻 *Cassia angustifolia* 和尖叶番泻 *Cassia acutifolia* 的小叶。小叶上表皮均有气孔，叶肉组织为等面型，上下均有1列栅栏细胞，上面栅栏组织通过主脉，细胞较长，垂周壁较平直。下面栅栏组织不通过主脉，细胞较短，垂周壁波状弯曲，主脉维管束外韧型，上下两侧均有微木化的纤维束，外含草酸钙方晶的薄壁细胞，形成晶纤维。

多数植物主脉在叶片背面常显著突起。有的种类在主脉的上下均显突起。

特征解析

罗布麻来源于夹竹桃科植物罗布麻 *Apocynum venetum* 的叶。叶肉组织为等面型，上表皮内栅栏组织为2列细胞，下表皮内多为1列细胞，海绵组织2~4列细胞；主脉维管束为双韧型，维管束周围及韧皮部散有乳汁管。

20μm

夹竹桃科植物罗布麻 *Apocynum venetum* 叶横切面
1.非腺毛；2.上表皮；3.栅栏组织；4.海绵组织；5.中脉维管束；6.栅栏组织；7.厚角组织；8.下表皮

叶片的表皮细胞中一般不具叶绿体，通常由1层排列紧密的生活细胞组成，腹面和背面的表皮分别称上表皮和下表皮。也有由多层细胞构成的，称复表皮，如夹竹桃叶。

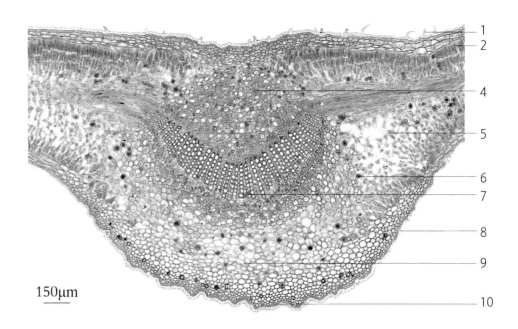

150μm

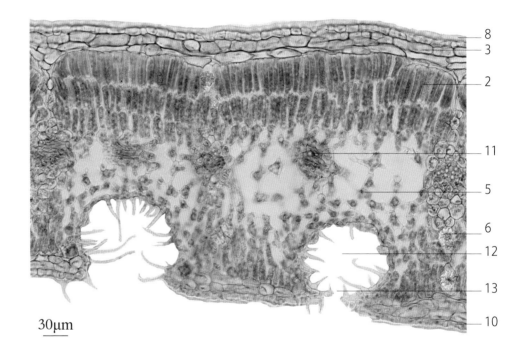

30μm

夹竹桃科植物夹竹桃 *Nerium oleander* 叶横切面
1.非腺毛；2.栅栏组织；3.复表皮；4.机械组织；5.海绵组织；6.草酸钙簇晶；7.主脉维管束；8.角质层；9.基本组织；10.下表皮；11.侧脉维管束；12.气孔窝；13.气孔器

特征解析

　　夹竹桃来源于夹竹桃科植物夹竹桃 *Nerium oleander* 的叶及枝皮。夹竹桃的叶具有复表皮，其中最外1列细胞较小，外被厚角质层；等面叶，上表皮内栅栏细胞2列，细胞较长，下表皮内栅栏细胞1列，细胞较短。下表皮内可见气孔窝，有的表皮细胞外壁延伸呈非腺毛状；主脉维管束为双韧型，薄壁组织中散有乳汁管。

叶肉组织中，有的植物含有油室，有的植物含有草酸钙晶体，有的还含有石细胞，有的含有分泌腔。

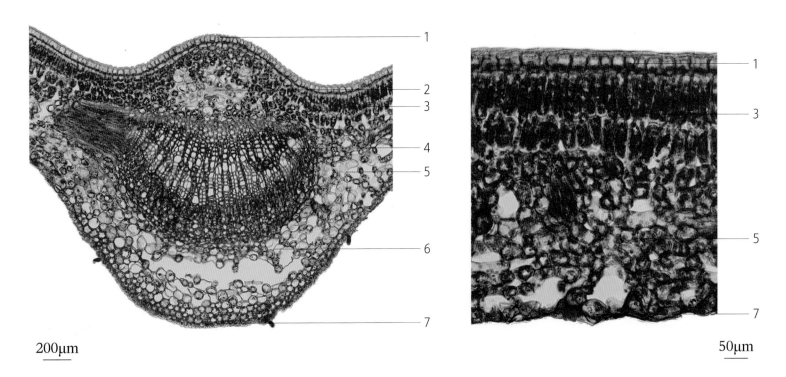

200μm   50μm

山茶科植物茶 *Camellia sinensis* 叶横切面
1. 上表皮；2. 机械组织；3. 栅栏组织；4. 中脉维管束；5. 海绵组织；6. 基本组织；7. 下表皮

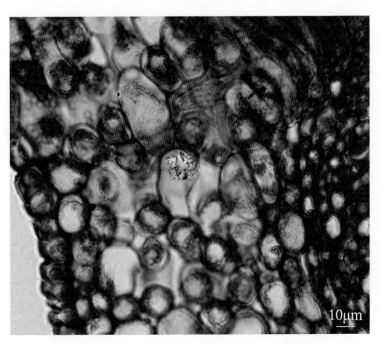

山茶科植物茶 *Camellia sinensis* 叶中草酸钙簇晶与石细胞

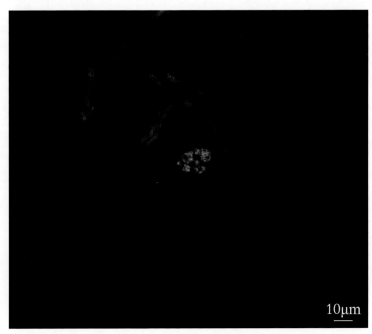

山茶科植物茶 *Camellia sinensis* 叶中草酸钙簇晶与石细胞（偏光）

特征解析

　　茶，以"茗"载于《新修本草》。茶来源于山茶科植物茶 *Camellia sinensis* 的嫩叶或嫩芽。在偏光显微镜下，可见薄壁细胞内散有草酸钙簇晶和大型的分枝状石细胞。

有的植物中有丰富的腺体。用 5% NaOH
试液透化，可以更好地显示叶片中的腺体。

报春花科植物过路黄 *Lysimachia christinae*

报春花科植物狼尾花 *Lysimachia barystachys*

报春花科植物矮桃 *Lysimachia clethroides*

特征比较

　　报春花科珍珠菜属 *Lysimachia* 不同种植物叶的腺体呈
不同特征：过路黄 *Lysimachia christinae* 叶可见密布的透
明条状腺体；狼尾花 *Lysimachia barystachys* 叶片中黑色腺
体呈点状分布于叶边缘，在叶缘有时连成黑色线条；矮桃
Lysimachia clethroides 叶中点状黑色腺体散布于叶片，在叶
缘也连成黑色线条。

2mm

报春花科植物过路黄 *Lysimachia christinae* 叶片透化（示腺体）

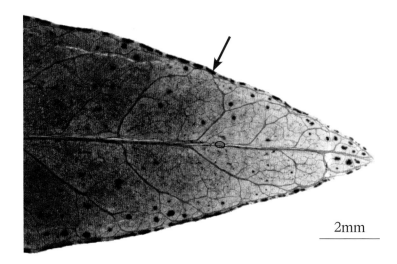

2mm

报春花科植物狼尾花 *Lysimachia barystachys* 叶片透化（示腺体）

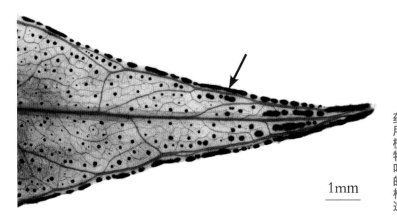

1mm

报春花科植物矮桃 *Lysimachia clethroides* 叶片透化（示腺体）

栅栏组织的细胞层数因植物种类而异，通常为1层，也有2层或2层以上的，如夹竹桃叶、枸骨。各种植物叶肉的栅栏组织排列的层数不一样，可作为叶类药材鉴别的特征。

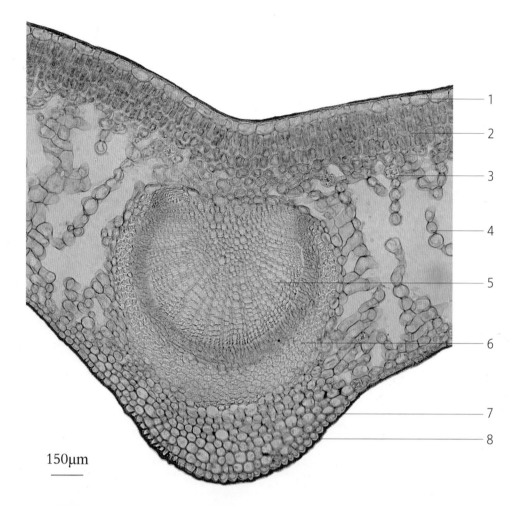

150μm

冬青科植物枸骨 *Ilex cornuta* 叶横切面
1.上表皮；2.栅栏组织；3.草酸钙簇晶；4.海绵组织；5.中脉维管束；6.纤维束；7.厚角组织；8.下表皮

冬青科植物枸骨 *Ilex cornuta* 的叶入药，称"枸骨叶"，载于《本草拾遗》。叶片中栅栏组织约3列细胞，海绵组织中有草酸钙簇晶，中脉维管束的木质部呈新月形，木质部上方的凹下处与韧皮部外侧有纤维束。

冬青科植物枸骨 *Ilex cornuta* 叶

水生植物的叶片中常有通气组织。

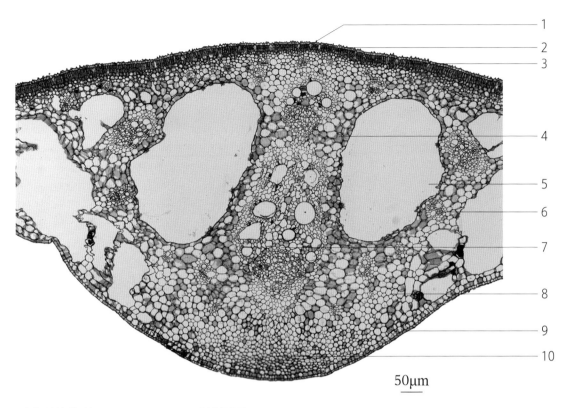

50μm

睡莲科植物莲 *Nelumbo nucifera* 叶横切面
1. 齿状表皮毛；2. 上表皮；3. 栅栏组织；4. 基本组织；5. 气腔；6. 细脉维管束；7. 主脉维管束；8. 叶肉细胞；9. 下表皮；10. 厚角组织

睡莲科植物莲 *Nelumbo nucifera*

以 5% 香草醛 - 冰醋酸和高氯酸混合试剂作为显色剂，对北柴胡、红柴胡叶中皂苷类化合物进行组织化学定位，发现在北柴胡叶中，表皮和叶肉细胞包括海绵组织和栅栏组织中都含有皂苷类化合物，均被染为淡红色，红柴胡叶表皮和叶肉细胞染成紫红色，但两者叶脉的各个组成部分均不显色。

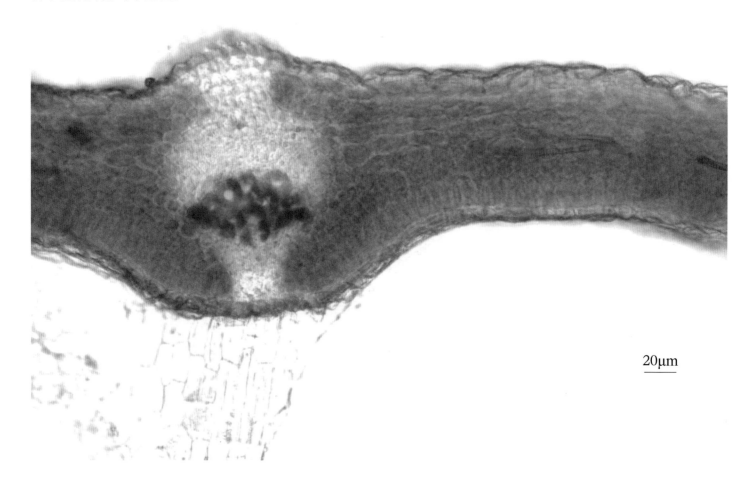

伞形科植物北柴胡 *Bupleurum chinense* 叶中皂苷类化合物的组织化学定位

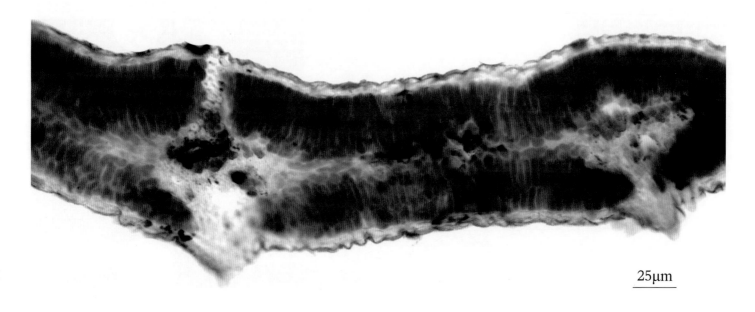

药用植物显微图鉴

222

伞形科植物红柴胡 *Bupleurum scorzonerifolium* 叶中皂苷类化合物的组织化学定位

黄酮类化合物经 1% 醋酸镁甲醇溶液染色后可产生绿色荧光。红柴胡叶横切片经 1% 醋酸镁甲醇溶液染色后，经荧光显微镜观察，在表皮、位于叶缘和上下表皮的厚角组织中产生黄绿色荧光。黄酮类化合物经 5% NaOH 溶液染色呈黄色至橙色。北柴胡、红柴胡叶经 5% NaOH 溶液染色后，在上述组织中呈现黄色。黄酮类化合物经 NA 溶液染色可产生黄色荧光。北柴胡、红柴胡叶经 NA 溶液染色并在荧光显微镜下观察，发现上述组织产生黄色荧光。

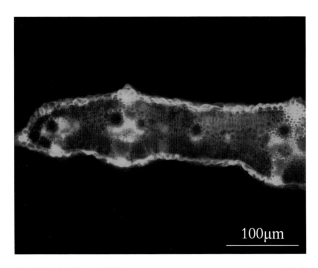

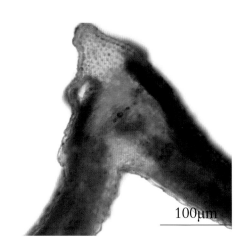

伞形科植物红柴胡 Bupleurum scorzonerifolium 叶中黄酮类化合物的组织化学定位（1% 醋酸镁甲醇溶液染色，荧光）

伞形科植物北柴胡 Bupleurum chinense 叶中黄酮类化合物的组织化学定位（5% NaOH 溶液染色）

伞形科植物红柴胡 Bupleurum scorzonerifolium 叶中黄酮类化合物的组织化学定位（5% NaOH 溶液染色）

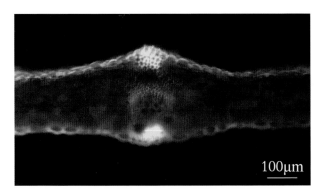

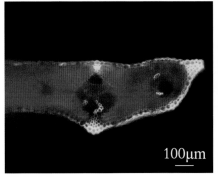

伞形科植物北柴胡 Bupleurum chinense 叶中黄酮类化合物的组织化学定位（NA 溶液染色，荧光）

伞形科植物红柴胡 Bupleurum scorzonerifolium 叶中黄酮类化合物的组织化学定位（NA 溶液染色，荧光）

单子叶植物叶的构造

　　单子叶植物在内部构造上和双子叶植物一样具有表皮、叶肉和叶脉 3 种基本结构。

　　禾本科植物的叶片表皮细胞的排列比双子叶植物规则，排列成行，有长细胞和短细胞 2 种类型，长细胞长方柱形，长径与叶的纵长轴平行，外壁角质化，并含有硅质。短细胞又分为硅质细胞和栓质细胞 2 种类型，硅质细胞的胞腔内充满硅质体，故禾本科植物叶坚硬而表面粗糙；栓质细胞胞壁木栓化。此外，在上表皮中有一些特殊的大型薄壁细胞，称泡状细胞，细胞具有大型液泡，在横切面上排列略呈扇形，干旱时由于这些细胞失水收缩，引起整个叶片卷曲成筒，可减少水分蒸发，故又称运动细胞。

　　表皮上下两面都分布有气孔，气孔是由 2 个狭长或哑铃状的保卫细胞构成，两端头状部分的细胞壁较薄，中部柄状部分细胞壁较厚，每个保卫细胞外侧各有 1 个略呈三角形的副卫细胞。

　　禾本科植物的叶片多呈直立状态，叶片两面受光近似，因此一般叶肉没有栅栏组织和海绵组织的明显分化，属于等面叶类型，但也有个别植物叶的叶肉组织分化成栅栏组织和海绵组织，属于两面叶类型。如淡竹叶的叶肉组织中栅栏组织为 1 列圆柱形的细胞，海绵组织由 1~3 列（多 2 列）排成较疏松的不规则的圆形细胞组成。

　　叶脉内的维管束近平行排列，主脉粗大，维管束为有限外韧型。主脉维管束的上下两方常有厚壁组织分布，并与表皮层相连，增强了机械支持作用。在维管束外围常有 1~2 层或多层细胞包围，构成维管束鞘。维管束鞘可作为禾本科植物分类的特征之一。

淡竹叶 *Lophatherum gracile*

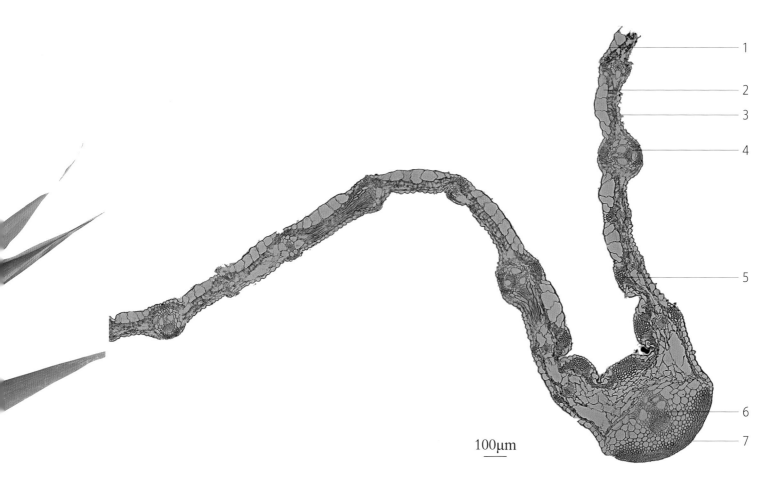

禾本科植物淡竹叶 *Lophatherum gracile* 叶横切面
1. 上表皮；2. 泡状细胞；3. 下表皮；4. 侧脉维管束；5. 纤维束；6. 主脉维管束；7. 厚壁组织

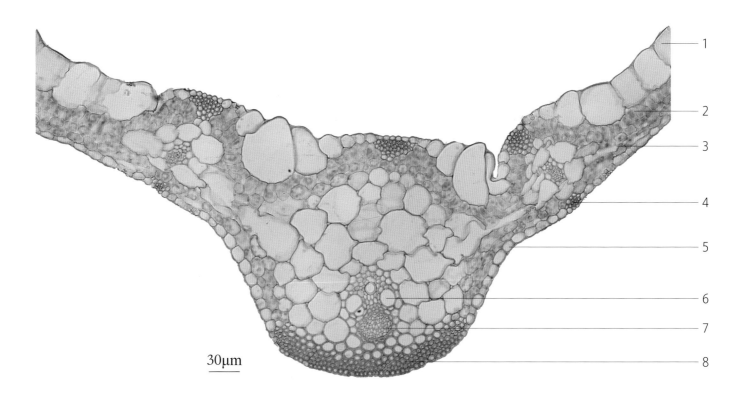

禾本科植物淡竹叶 *Lophatherum gracile* 叶横切面（示主脉维管束）
1. 上表皮；2. 栅栏组织；3. 海绵组织；4. 纤维束；5. 下表皮；6. 木质部；7 韧皮部；8. 厚壁组织

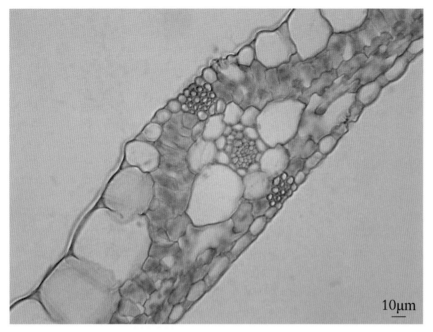

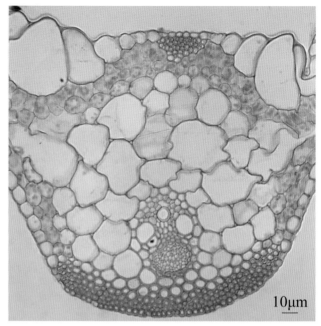

禾本科植物淡竹叶 *Lophatherum gracile* 叶横切面（局部放大）

禾本科植物淡竹叶 *Lophatherum gracile* 叶横切面（局部放大）

淡竹叶来源于禾本科植物淡竹叶 *Lophatherum gracile* 的干燥茎叶。叶上表皮细胞大小不一，位于叶脉间的泡状细胞大，位于叶脉或机械组织上方的细胞极小；下表皮细胞较小，排列整齐，有气孔。栅栏组织为 1~2 列短柱状细胞；海绵组织为 2~4 列细胞。主脉维管束外韧型，具束鞘纤维，韧皮部与木质部之间具 2~3 列纤维，叶脉处上下表皮内侧有厚壁纤维束。

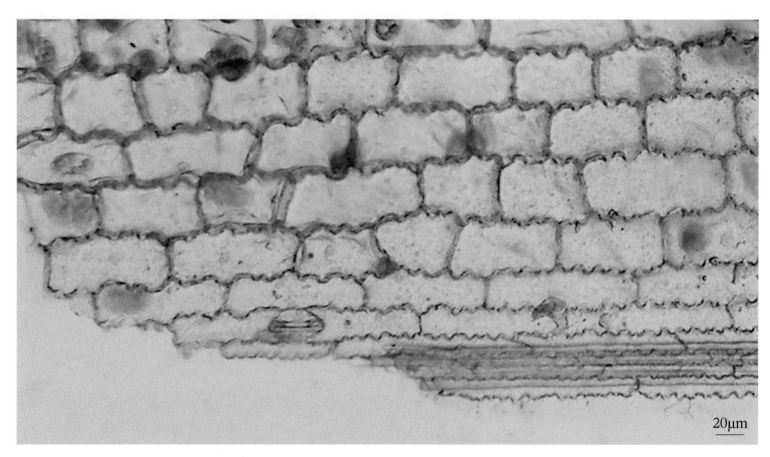

禾本科植物淡竹叶 *Lophatherum gracile* 叶上表皮

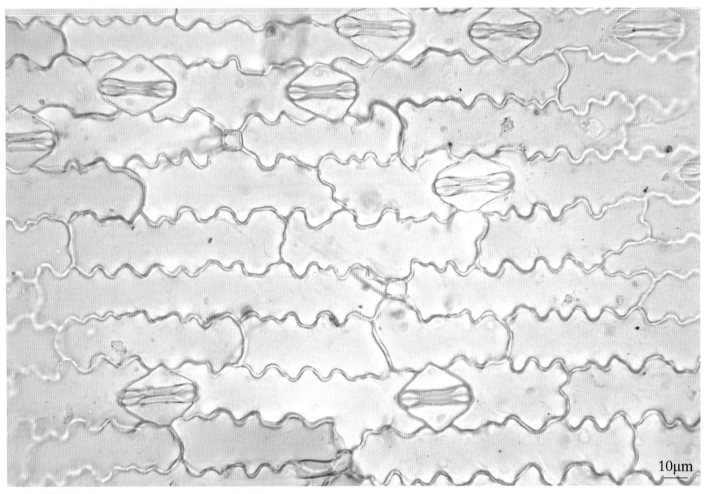

禾本科植物淡竹叶 *Lophatherum gracile* 叶下表皮

特征解析

淡竹叶的叶上表皮细胞表面观呈类方形或类长方形，较大，垂周壁波状弯曲。下表皮长细胞与短细胞交替排列或数个相连，长细胞长方形，垂周壁波状弯曲；短细胞为哑铃形的硅质细胞和类方形的栓质细胞；气孔较多，保卫细胞哑铃形；副卫细胞近圆三角形，有时可见非腺毛。

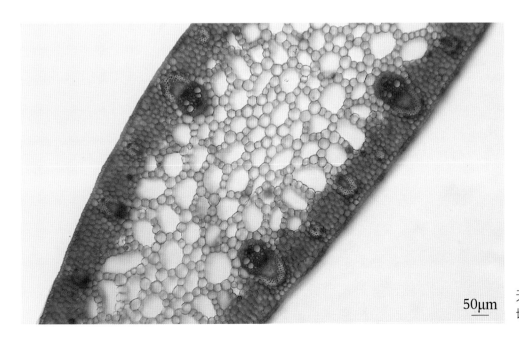

天南星科植物菖蒲属植物叶片中可见明显的通气组织。

天南星科植物金钱蒲 *Acorus gramineus* 叶横切面

裸子植物叶的构造

裸子植物叶的形态构造的多样性不如被子植物那样丰富。

松科松属植物的叶为针形，在横切面上为半圆形、圆形或三角形。最外层是1层表皮细胞，表皮细胞的壁特别加厚并强烈木质化。表皮细胞壁的外面有1层厚的角质层。叶表皮层上分布一些纵行排列的气孔，气孔陷入四周表皮细胞之下。表皮层的里面是1至数层木质化的纤维状硬化薄壁组织细胞，称下皮层。叶肉无栅栏薄壁组织和海绵薄壁组织的分化。

叶肉组织中含有多个树脂道。树脂道的腔由1层上皮细胞围绕，上皮细胞的外面由1层具有木质化厚壁的厚壁组织所构成的一个鞘包被着。

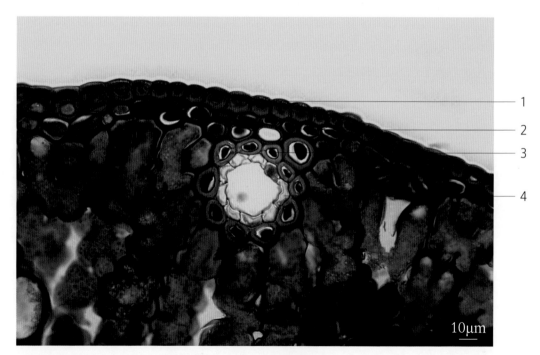

松科植物马尾松 *Pinus massoniana* 叶横切面
1. 表皮；2. 树脂道；3. 下皮层；4. 叶肉细胞；5. 薄壁组织细胞；6. 内皮层；7. 厚壁组织；8. 蛋白细胞；9. 维管束；10. 气孔

松科植物马尾松 *Pinus massoniana* 叶横切面（示树脂道）
1. 表皮；2. 下皮层；3. 厚壁组织鞘；4. 树脂道

特征解析

马尾松 *Pinus massoniana* 的叶为2针一束，因此马尾松的叶在横切面上呈半圆形。

松科植物马尾松 *Pinus massoniana*

花是被子植物特有的生殖器官，通过传粉和受精，可以形成果实或种子，起着繁衍后代延续种族的作用。花是由花芽发育而成的适应生殖、节间极度缩短、不分枝的变态枝。典型的被子植物花可分为6个部分，即花梗、花托、花萼、花冠、雄蕊群、雌蕊群。与其他器官相比，花的形态构造特征比较稳定，变异较小。

6

第六章

——

药用植物花的构造

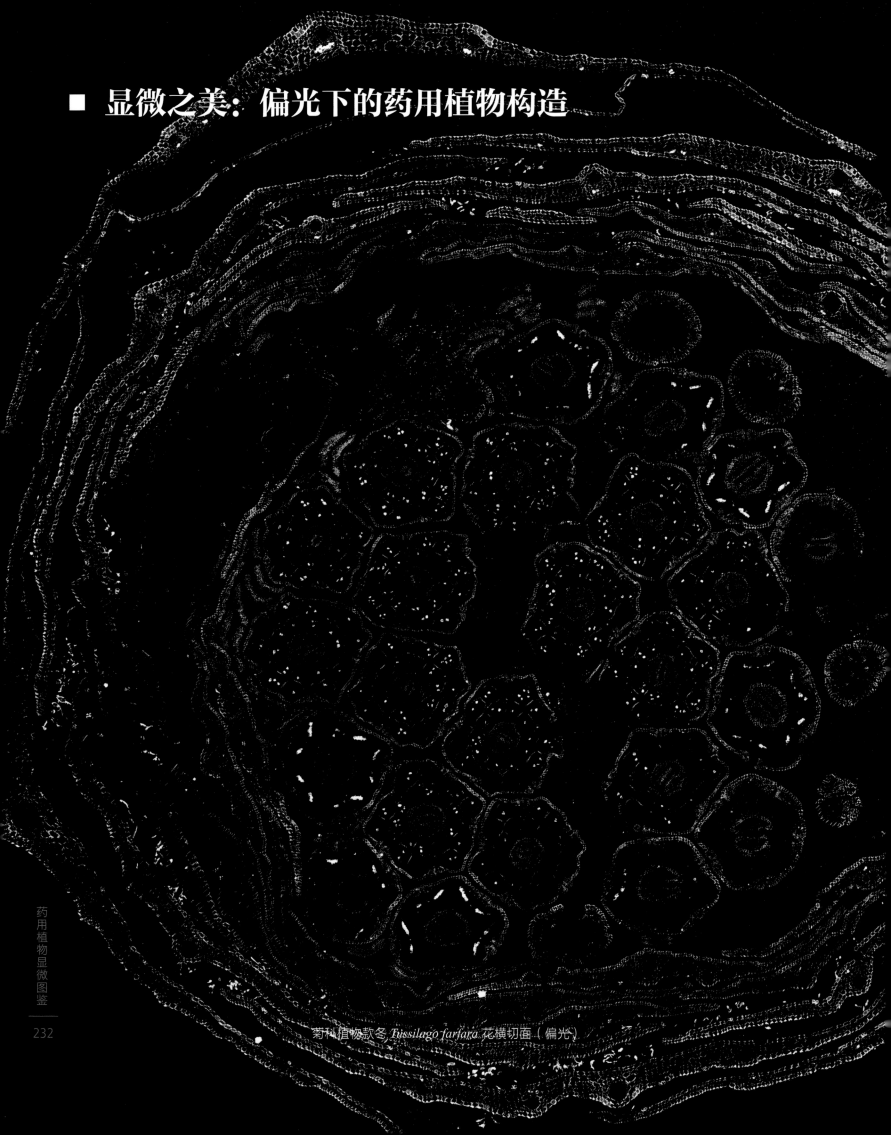

菊科植物款冬 *Tussilago farfara* 花横切面（偏光）

伞形科植物北柴胡 *Bupleurum chinense*

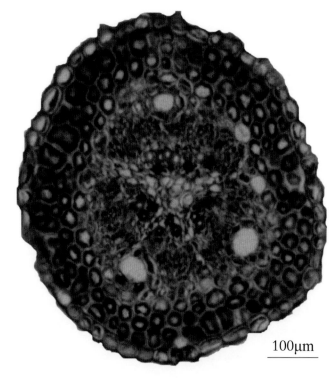

100μm

伞形科植物北柴胡 *Bupleurum chinense* 花柄横切面

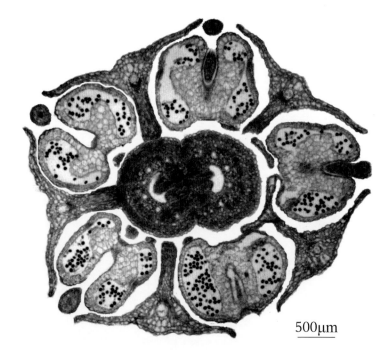

500μm

伞形科植物北柴胡 *Bupleurum chinense* 花横切面

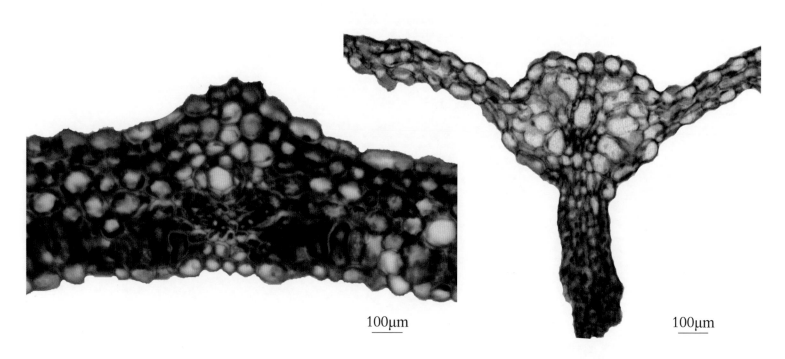

100μm

伞形科植物北柴胡 *Bupleurum chinense* 苞片横切面

100μm

伞形科植物北柴胡 *Bupleurum chinense* 花瓣横切面

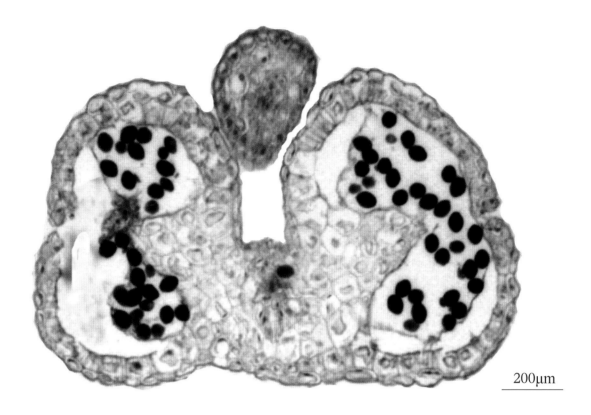

200μm

伞形科植物红柴胡 *Bupleurum scorzonerifolium* 花药横切面

200μm

伞形科植物红柴胡 *Bupleurum scorzonerifolium* 子房横切面

洋金花来源于茄科植物洋金花 *Datura metel* 的花。通过花横切，可见花冠合生，子房由 2 枚心皮合生而成，2 室，中轴胎座，胚珠多数。

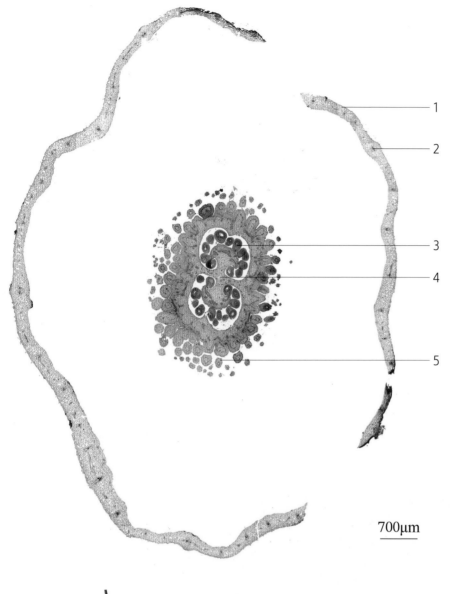

1
2
3
4
5

700μm

茄科植物洋金花 *Datura metel* 花蕾横切面
1. 花冠；2. 花冠维管束；3. 胚珠；4. 中轴胎座；
5. 子房表面短刺

茄科植物洋金花 *Datura metel* 花

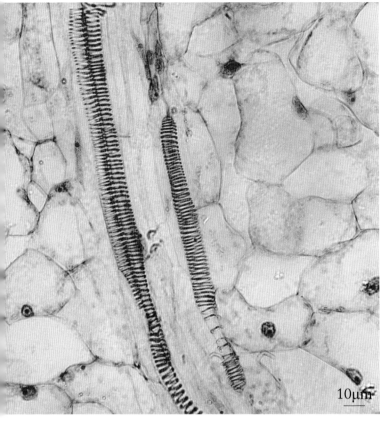

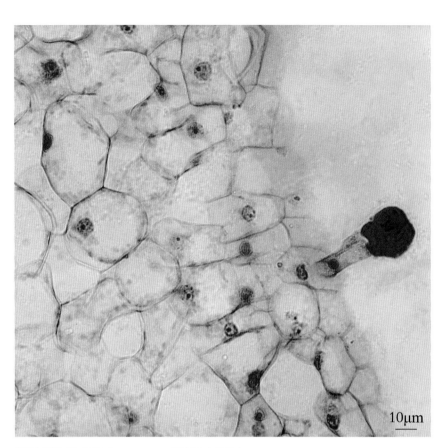

茄科植物洋金花 *Datura metel* 花冠中螺纹导管　　茄科植物洋金花 *Datura metel* 花冠上腺毛

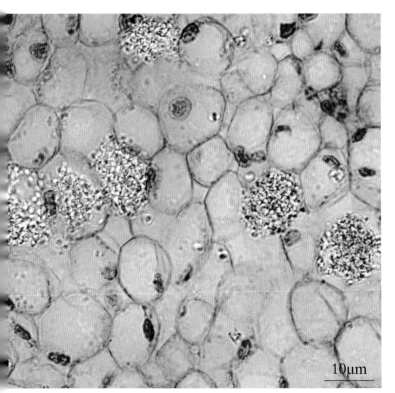

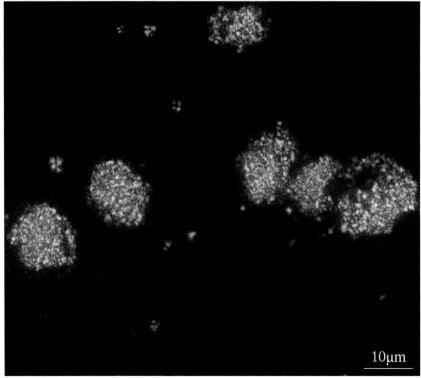

茄科植物洋金花 *Datura metel* 花冠中砂晶　　茄科植物洋金花 *Datura metel* 花冠中砂晶（偏光）

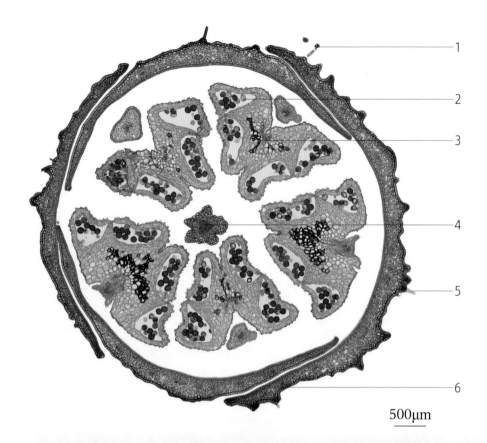

忍冬科植物忍冬 *Lonicera japonica* 花蕾横切面
1.腺毛；2.花粉粒；3.花药；4.雌蕊；5.非腺毛；
6.花被片

500μm

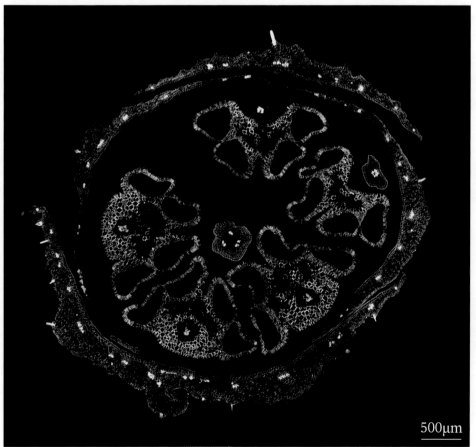

500μm

忍冬科植物忍冬 *Lonicera japonica* 花蕾横切面
（偏光）

特征解析

忍冬 *Lonicera japonica* 的花蕾横切，可见忍冬属花冠卷叠式，雄蕊 5 枚，花药背着，花柱 1 枚。

忍冬科植物忍冬 *Lonicera japonica* 雄蕊（整体装片）

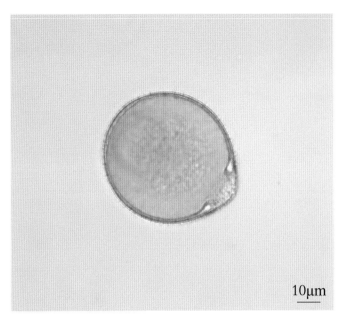

10μm

忍冬科植物忍冬 *Lonicera japonica* 花粉粒

忍冬科植物忍冬 *Lonicera japonica* 花

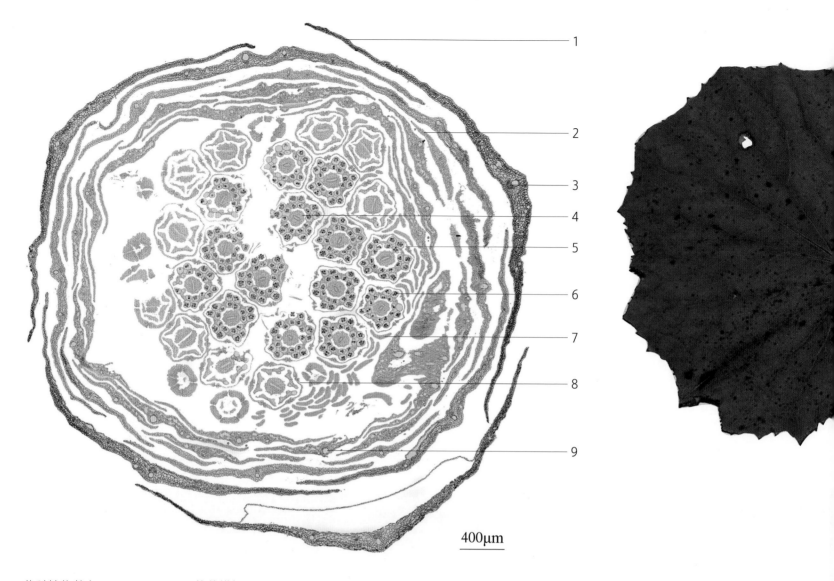

菊科植物款冬 *Tussilago farfara* 花蕾横切面
1. 总苞片；2. 苞片；3. 维管束；4. 子房；5. 两性花；6. 花药；7. 小苞片；8. 雌花；9. 分泌腔

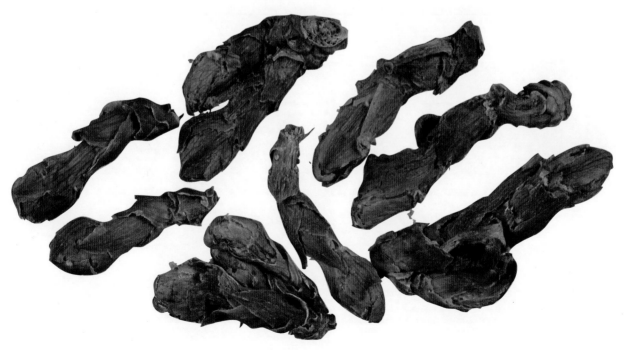

菊科植物款冬 *Tussilago farfara* 花蕾

菊科植物款冬花 *Tussilago farfara*

特征解析

　　款冬花,载于《神农本草经》,列为中品。《本草经集注》:"其冬月在冰下生,十二月、正月旦取之。"《本草衍义》:"入药须微见花者良。如已芬芳,则都无力也。"即款冬花在12月花序尚未出土时挖取花序蕾。此时,未开放的头状花序呈不规则短棒状,单生或2~3花序基部相连,习称"连三朵"。在花序横切面上,可见雌花多层,分布于边缘;两性花具聚药雄蕊位于中央。

百合 *Lilium brownii* var. *viridulum* 的花蕾横切面可见百合属花的典型特征：花被片 6，2 轮，离生；雄蕊 6，2 轮；花药背着；3 心皮合生，中轴胎座。

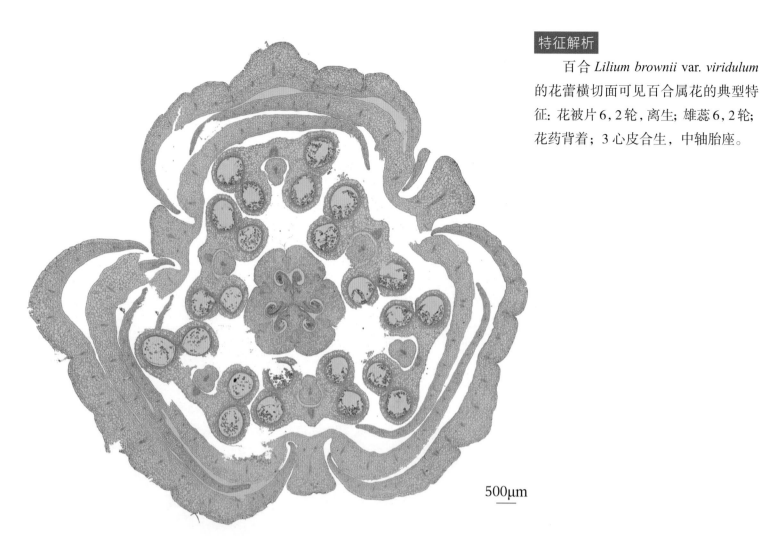

500μm

百合科植物百合 *Lilium brownii* var. *viridulum* 花蕾横切面

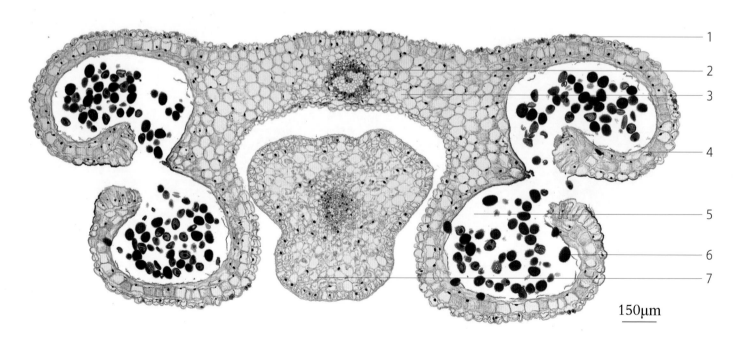

150μm

百合科植物百合 *Lilium brownii* var. *viridulum* 花药横切面（示成熟花药结构）
1. 表皮；2. 药隔维管束；3. 药隔；4. 药室内壁；5. 药室；6. 花粉粒；7. 花丝

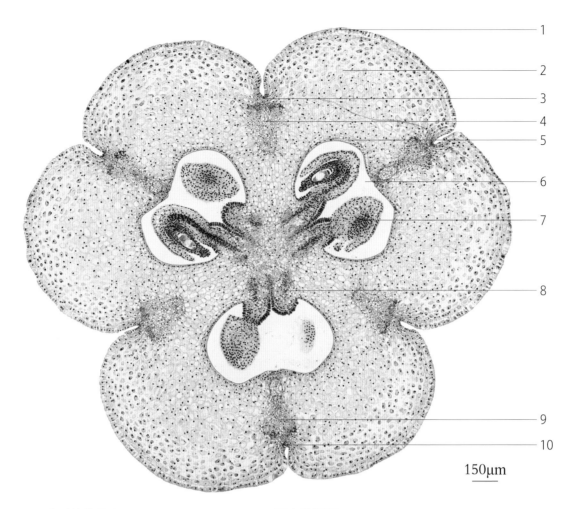

百合科植物百合 *Lilium brownii* var. *viridulum* 子房横切面

1. 表皮；2. 基本组织；3. 腹缝线；4. 腹束；5. 内表皮；6. 子房室；7. 胚珠；8. 胎座；9. 背束；
10. 背缝线

百合科植物百合 *Lilium brownii* var. *viridulum*

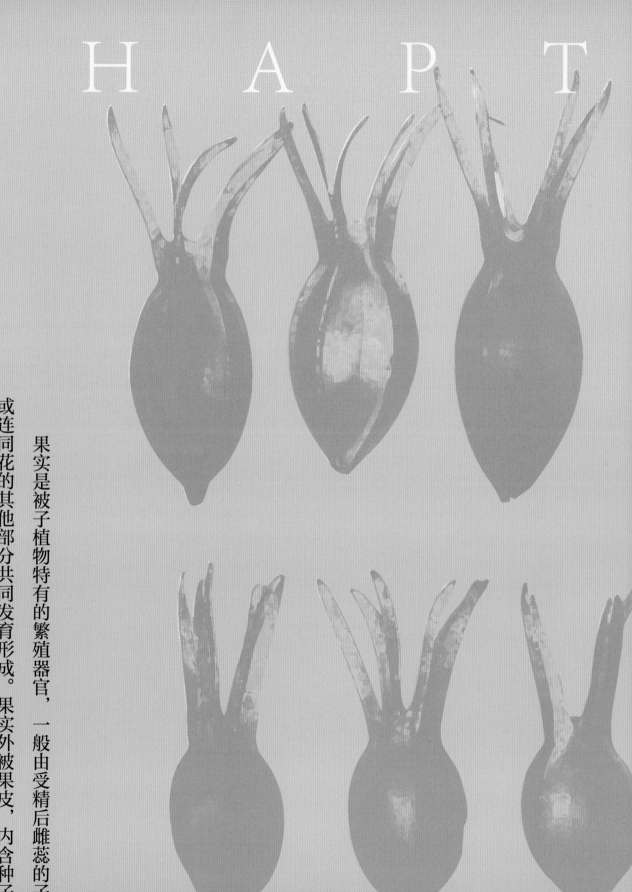

果实是被子植物特有的繁殖器官，一般由受精后雌蕊的子房或连同花的其他部分共同发育形成。果实外被果皮，内含种子，具有保护和散布种子的作用。果实由果皮和种子组成。种子由种皮、胚、胚乳三者共同构成。果皮分为外果皮、中果皮和内果皮3部分。果实的构造一般是指果皮的构造，其在果实类药材的鉴别上具有重要的意义。

第七章

药用植物果实与种子的构造

CHAPTER 7

■ 显微之美：偏光下的药用植物构造

茜草科植物栀子 *Gardenia jasminoides* 果实横切面（偏光）

蔷薇科植物皱皮木瓜 *Chaenomeles speciosa*

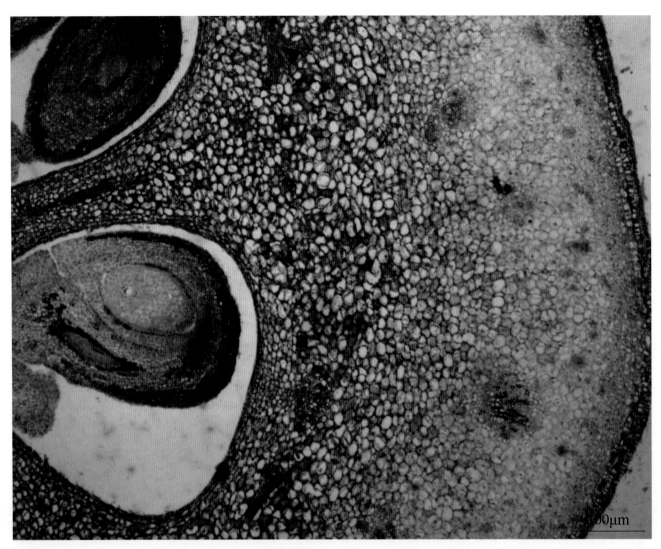

蔷薇科植物皱皮木瓜 *Chaenomeles speciosa* 子房横切面

蔷薇科植物皱皮木瓜 *Chaenomeles speciosa* 花

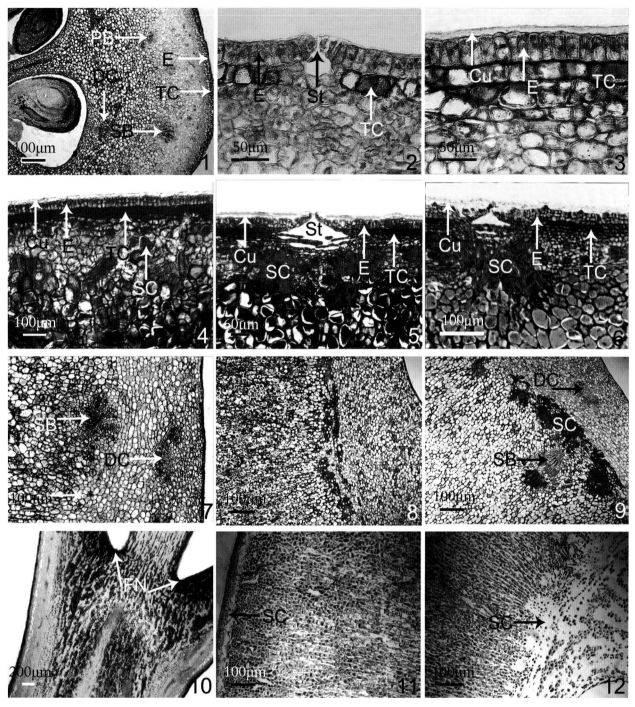

蔷薇科植物皱皮木瓜 *Chaenomeles speciosa* 子房及果实的发育

1.花期子房横切的一部分；2.花期子房横切的一部分，示表皮与单宁细胞层；3.花后30 d花托横切一部分，示角质层、表皮与单宁细胞层；4.花后40 d花托横切一部分，示角质层、表皮、单宁细胞层及石细胞；5.花后50 d花托横切一部分，示角质层、表皮、单宁细胞层及石细胞；6.花后60 d果实横切一部分，示角质层、表皮、单宁细胞层及石细胞；7.花后40 d果实横切一部分，示果心线附近无石细胞；8.花后50 d果实横切一部分，示果心线附近分化石细胞；9.花后50 d果实横切一部分，示果心线附近石细胞增多；10.花期子房纵切，示花蜜腺与单宁细胞的分布；11.花后80 d花托横切一部分，示单宁细胞的分布；12.花后80 d果实横切一部分，示单宁细胞的分布；DC.心皮背缝线维管束；PB.花瓣维管束；SB.花萼维管束；Tc.单宁细胞层；E.表皮；St.气孔；Cu.角质层；SC.石细胞；FN.花蜜腺

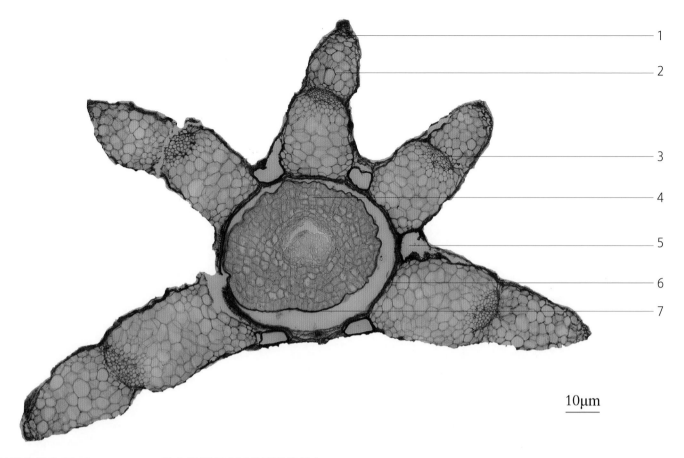

伞形科植物蛇床 *Cnidium monnieri* 果实横切面（示分果的构造）
1. 外果皮；2. 中果皮；3. 维管束；4. 胚乳；5. 油管；6. 内果皮；7. 种皮

特征解析

　　蛇床子，载于《神农本草经》，列为上品。《中国药典》规定蛇床子来源于伞形科植物蛇床 *Cnidium monnieri* 的干燥成熟果实。从蛇床果实横切面可见蛇床属果实的主要特征：果棱翅状，分果每棱槽内油管 1，合生面油管 2。

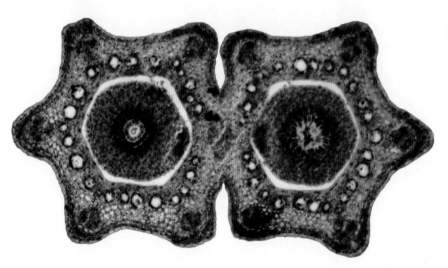

伞形科植物红柴胡 *Bupleurum scorzonerifolium* 幼果横切面

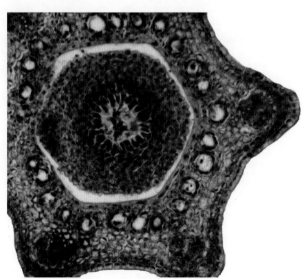

伞形科植物红柴胡 *Bupleurum scorzonerifolium* 幼果横切面（局部放大）

特征解析

　　红柴胡的分生果中，每棱槽中油管 5~6，合生面中油管 4~6。

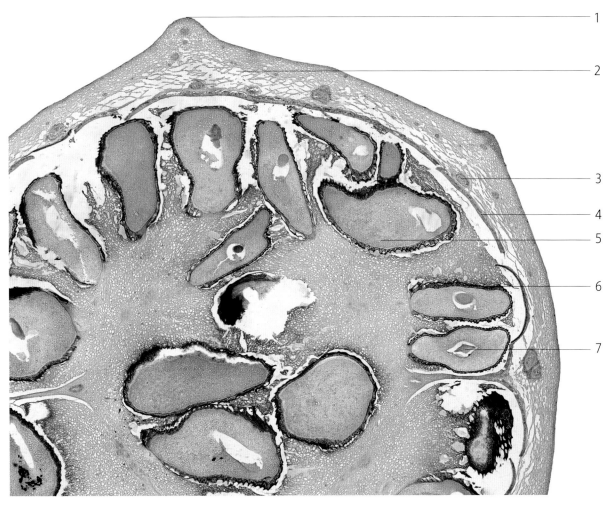

茜草科植物栀子 *Gardenia jasminoides* 果实横切面
1. 外果皮；2. 中果皮；3. 维管束；4. 内果皮；5. 胚乳；6. 种皮；7. 子叶

茜草科植物栀子 *Gardenia jasminoides* 果实

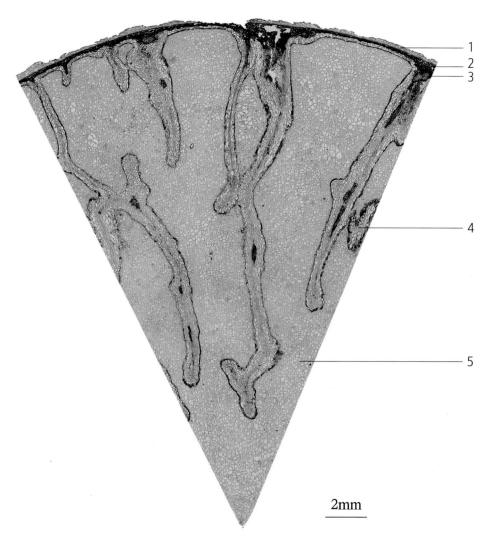

槟榔来源于棕榈科植物槟榔 *Areca catechu* 的种子。断面上可见大理石样纹理，系红棕色的种皮及外胚乳向内错入类白色的内胚乳而致。

1
2
3

4

5

2mm

棕榈科植物槟榔 *Areca catechu* 种子横切面（示种子结构）
1. 种内皮层；2. 种外皮层；3. 维管束；4. 外胚乳；5. 内胚乳

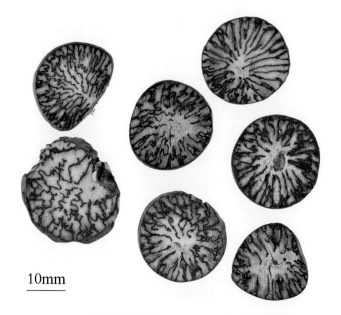

10mm

10mm

棕榈科植物槟榔 *Areca catechu* 种子

棕榈科植物槟榔 *Areca catechu* 种子断面

参考文献

［1］胡正海. 植物分泌结构解剖学［M］. 上海：上海科学技术出版社，2012.

［2］胡正海. 植物解剖学［M］. 北京：高等教育出版社，2010.

［3］胡正海. 药用植物的结构、发育与药用成分的关系［M］. 上海：上海科学技术出版社，2014.

［4］赵中振，陈虎彪. 中药显微鉴定图典［M］. 福州：福建科学技术出版社，2016.

［5］冯燕妮，李和平. 植物显微图解［M］. 北京：科学出版社，2013.

［6］刘穆. 种子植物形态解剖学导论［M］. 5 版. 北京：科学出版社，2010.

［7］储姗姗，查良平，段海燕，等. 中国芍药组 7 种植物根的生长轮及其在赤芍类药材鉴别中的应用［J/OL］. 中国中药杂志，2017，42（19）：3723-3727［2021-09-12］. https://kns. cnki. net/kcms/detail/detail. aspx?dbcode=CJFD&dbname=CJFDLAST2017&filename=ZGZY201719015&uniplatform=NZKPT&v=uHK49pjyh45_6rYqpRcZQt8NsYsplYQIKzMOedgJ9BriKRpPudU3srtrCEAr_kKY. DOI：10. 19540/j. cnki. cjcmm. 20170147.

［8］段海燕，程铭恩，彭华胜，等. 野葛块根的异常结构解剖学研究［J/OL］. 中国中药杂志，2015，40（22）：4364-4369［2021-09-12］. https://kns. cnki. net/kcms/detail/detail. aspx?dbcode=CJFD&dbname=CJFDLAST2016&filename=ZGZY201522009&uniplatform=NZKPT&v=L2-KXNI2rC2MLQ5qMfxpn_mGqY9fLKncgnISYr6HG7oRpJ7GdDeDgXr1GLm4AlQh. DOI:10. 4268/cjcmm20152209.

［9］王军，谢晓梅，彭华胜. 苦参根中异常结构的发育及药用部位调查［J/OL］. 中国中药杂志，2012，37（12）：1720-1724［2021-09-12］. https://kns. cnki. net/kcms/detail/detail. aspx?dbcode=CJFD&dbname=CJFD2012&filename=ZGZY201212008&uniplatform=NZKPT&v=nRSvxikBoti8063O5fJEVtAi8kE8uvXSdg8Dw1O4ThMycjDnyFUyPsjSjSMoNgxv. DOI: 10. 4268/cjcmm20121206.

［10］彭华胜，刘文哲，胡正海，等. 栽培太子参块根中皂苷的组织化学定位及其含量变化［J］. 分子细胞生物学报，2009，42（1）：1-10.

［11］彭华胜，刘文哲，胡正海，等. 栽培太子参根的发育解剖学研究［J］. 西北植物学报，2008，28（5）：861-867.

［12］彭华胜，王德群，胡正海. 木瓜的果实发育及其结构防御策略［J/OL］. 中药材，2010，33（3）：325-328［2021-09-12］. https://kns. cnki. net/kcms/detail/detail. aspx?dbcode=CJFD&dbname=CJFD2010&filename=ZYCA201003002&uniplatform=NZKPT&v=0qgwig-Zuz_tiIc3HWC2kcFKS0L_ds1IMzozngvfMtyfMmQlegytMYLDIyaKNGaJ. DOI: 10. 13863/j. issn1001-4454. 2010. 03. 001.

［13］ZHAO Y J, CHU S S, GUI S Y,et al. Tissue-specific metabolite profiling of *Fallopia multiflora*（Heshouwu）and *Fallopia multiflora* var. *angulata* by mass spectrometry imaging and laser microdissection combined with UPLC-Q/TOF-MS［J/OL］. Journal of Pharmaceutical and Biomedical Analysis, 2021, 200: 114070（2021-06-05）［2021-09-12］. https://doi. org/10. 1016/j. jpba. 2021. 114070.

［14］CHU S S, CHEN L L, XIE H Q, et al. Comparative analysis and chemical profiling of different forms of Peucedani Radix［J/OL］. Journal of Pharmaceutical and Biomedical Analysis, 2020, 189: 113410. DOI: 10. 1016/j. jpba. 2020. 113410（2020-09-10）［2021-09-12］. https://doi. org/10. 1016/j. jpba. 2020. 113410.

［15］HAN X J, ZHOU Y F, NI X L, et al. Programmed cell death during the formation of rhytidome and interxylary cork in roots of *Astragalus membranaceus*（Leguminosae）［J/OL］. Microscopy Research and Technique, 2021, 84（7）：

1400-1413（2021-01-17）［2021-09-12］. https://doi. org/10. 1002/jemt. 23696.

［16］YU D Q, HAN X J, SHAN T Y,et al. Microscopic characteristic and chemical composition analysis of three medicinal plants and surface frosts［J/OL］. Molecules, 2019, 24（24）: 4548-4565（2019-12-12）［2021-09-12］. https:// doi. org/10. 3390/molecules24244548.

［17］YIN M Z, YANG M, CHU S S, et al. Quality analysis of different specification grades of *Astragalus membranaceus* var. *mongholicus*（Huangqi）from Hunyuan, Shanxi［J/OL］. Journal of AOAC International, 2019, 102（3）: 734-740（2019-05-01）［2021-09-12］. https://doi. org/10. 5740/jaoacint. 18-0308.

［18］CHEN L L, CHU S S, ZHANG L, et al. Tissue-specific metabolite profiling on the different parts of bolting and unbolting *Peucedanum praeruptorum* Dunn（Qianhu）by laser microdissection combined with UPLC-Q/TOF-MS and HPLC-DAD［J/OL］. Molecules, 2019, 24（7）: 1439-1456（2019-04-11）［2021-09-12］. https://doi. org/10. 3390/molecules24071439.

［19］XIE H Q, CHU S S, ZHA L P, et al. Determination of the species status of *Fallopia multiflora*, *Fallopia multiflora* var. *angulata* and *Fallopia multiflora* var. *ciliinervis* based on morphology, molecular phylogeny, and chemical analysis［J/OL］. Journal of Pharmaceutical and Biomedical Analysis, 2019, 166: 406-420（2019-03-20）［2021-09-12］. https://doi. org/10. 1016/j. jpba. 2019. 01. 040.

［20］ZHAO Y J, ZHA L P, HAN B X, et al. Compare the microscopic characteristics of stems of the 24 Dendrobium species utilized in the traditional Chinese medicine "Shihu"［J/OL］. Microscopy Research and Technique, 2018, 81（10）: 1191-1202（2018-11-08）［2021-09-12］. https://doi. org/10. 1002/jemt. 23117.

［21］LI R Q, YIN M Z, YANG M, et al. Developmental anatomy of anomalous structure and classification of commercial specifications and grades of the *Astragalus membranaceus* var. *mongholicus*［J/OL］. Microscopy Research and Technique, 2018, 81（10）: 1165-1172（2018-11-20）［2021-09-12］. https://doi. org/10. 1002/jemt. 23111.

［22］CHENG M E, WANG D Q, PENG H S, et al. *Corydalis huangshanensis*（Fumariaceae）, a new species from Anhui, China［J/OL］. Nordic Journal of Botany, 2018, 36（10）: e01960（2018-11-12）［2021-09-12］. https://doi. org/10. 1111/njb. 01960.

［23］DUAN H Y, CHENG M E, YANG J, et al. Qualitative analysis and the profling of isoflavonoids in various tissues of *Pueraria lobata* Roots by Ultra Performance Liquid Chromatography Quadrupole/Time-of-Flight-Mass Spectrometry and High Performance Liquid Chromatography separation and Ultraviolet-Visible detection［J/OL］. Pharmacognosy Magazine, 2018, 14（56）: 418-424［2021-09-12］. http://www. phcog. com/text. asp? 2018/14/56/418/239010 DOI: 10. 4103/pm. pm_139_17.

［24］CHU S S, TAN L L, LIU S S, et al. Growth rings in roots of medicinal perennial dicotyledonous herbs from temperate and subtropical zones in China［J/OL］. Microscopy Research and Technique, 2018, 81（4）: 365-375（2018-01-11）［2021-09-12］. https://doi. org/10. 1002/jemt. 22987.

［25］WANG W H, YANG J, PENG H S, et al. Study on morphological characteristics and microscopic structure of medicinal organs of *Pulsatilla chinensis*（Bunge）Regel［J/OL］. Microscopy Research and Technique. 2017, 80（8）: 950-958（2017-06-16）［2021-09-12］. https://doi. org/10. 1002/jemt. 22888.

［26］ZHAO Y J, HAN B X, PENG H S, et al. Identification of "Huoshan Shihu" Fengdou: Comparative authentication of the Daodi herb *Dendrobium huoshanense* and its related species by macroscopic and microscopic features［J/OL］. Microscopy Research and Technique. 2017, 80（7）: 712−721（2017−02−18）［2021−09−12］. https://doi. org/10. 1002/jemt. 22856.

［27］PENG H S, WANG J, ZHANG H T, et al. Rapid identification of growth years and profiling of bioactive ingredients in *Astragalus membranaceus* var. *mongholicus*（Huangqi）roots from Hunyuan, Shanxi［J/OL］. Chinese Medicine, 2017, 12: 14 （2017−05−19）［2021−09−12］. https://doi. org/10. 1186/s13020−017−0135−z.

［28］LIU C C, CHENG M E, PENG H S, et al. Identification of four Aconitum species used as "Caowuin" herbal markets by 3d reconstruction and microstructural comparison［J/OL］. Microscopy Research and Technique, 2015, 78（5）: 425−432（2015−03−13）［2021−09−12］. https://doi. org/10. 1002/jemt. 22491.

［29］LIANG J B, JIANG C, PENG H S, et al. Analysis of the age of *Panax ginseng* based on telomere length and telomerase activity［J/OL］. Scientific reports. 2015, 5: 7985（2015−01−23）［2021−09−12］. https://doi. org/10. 1038/srep07985.

［30］WANG Y J, PENG H S, SHEN Y, et al. The profiling of bioactive ingredients of differently aged *Salvia miltiorrhiza* roots［J/OL］. Microscopy Research and Technique, 2013, 76（9）: 947−954（2013−07−10）［2021−09−12］. https://doi. org/10. 1002/jemt. 22253.

［31］ZHA L P, CHENG M E, PENG H S. Identification of ages and determination of Paeoniflorin in roots of *Paeonia lactiflora* Pall. from four producing areas based on growth rings［J/OL］. Microscopy Research and Technique, 2012, 75（9）: 1191−1196（2012−04−17）［2021−09−12］. https://doi. org/10. 1002/jemt. 22048.

［32］ZHEN X W, YIN M Z, CHU S S, et al. Comparative elucidation of age, diameter, and "Pockmarks" in roots of *Paeonia lactiflora* Pall. (Shaoyao) by qualitative and quantitative methods［J/OL］. Frontiers in Plant Science, 2022, 12: 802196（2022−01−26）［2022−04−13］. https://doi. org/10. 3389/fpls. 2021. 802196.

［33］HU Y, YIN M Z, BAI Y J, et al. An Evaluation of Traits, Nutritional, and Medicinal Component Quality of *Polygonatum cyrtonema* Hua and *P. sibiricum* Red. ［J/OL］. Frontiers in Plant Science, 2022, 13:891775（2022−04−19）［2022−04−19］ https://doi. org/10. 3389/fpls. 2022. 891775.

索 引

后 记

一花一世界，一叶一菩提。

在丰富多彩的药用植物世界里，我们可以看到形态各异的叶子、绚丽多彩的花朵……它们都向我们展示着自然的神奇与美妙，令人沉醉！

薄荷叶子散发的清香，从何而来？石菖蒲为什么可以长期生活在溪水里，而不会被淹死？割后的韭菜为何可以继续生长？仙人掌为何可以在干旱的沙漠生活？在植物微观世界里，我们会发现"形态-结构-功能"之间存在着紧密的联系。正是因为这种联系，我们才知道薄荷叶子散发香气，源于叶表面的腺鳞；石菖蒲在水中不易淹死，是因为它根状茎和叶子内有发达的通气组织，类似于"中通外直"的莲藕；割后的韭菜继续生长，原因是居间分生组织在秘密活动；仙人掌可以长期耐受干旱，是因为体内有贮水细胞……

在《药用植物显微图鉴》即将付梓之际，我不免回忆起大学期间的药用植物学课程。那时王德群教授将药用植物的形态结构与生态环境联系起来，让我爱上了药用植物学，爱上了中药学。硕士研究生期间，我跟随先生学习，以助手身份参与了本科生药用植物学实验课。先生总是采集各类植物，供学生在实验课解剖之需。周建理教授也时常到实验室客串，传授他新创的徒手切片秘籍。正是在那时，让我感受到药用植物的组织结构是一个值得探索的神奇世界。

2007年，在教育部访问学者计划的支持下，我有幸到西北大学生命科学学院胡正海先生实验室进行一年的访学。先生给我讲述他从事药用植物结构研究几十年的心得体会，把我带入药用植物结构学领域。在我去西北大学报到之前，先生就写信给我，叮嘱我如何选题、如何采样。先生基本上每周叫我到他办公室见上一面，每个月邀请我去家里改善伙食，先生总是用聊天的方式启迪我；先生一遍一遍地给我修改论文……如今，先生的每封信以及他颤抖的笔迹，已经成为我的珍藏；先生的执着、严谨与创新，与他高大的背影，深深留在我的心中。

2010年，我考入中国中医科学院，师从黄璐琦先生。黄老师问我一个迄今记忆犹新的问题："华胜，人有动脉、静脉，植物有导管、筛管伴胞；一个负责向上，一个负责向下；人有心脏，你说植物有没有心脏？如果有，心脏在哪儿？"这是我从来都没有想过的问题，但是这个问题又如此玄妙。先生，犹如一座高山，越近越感悟到高大。黄老师一直鼓励我把药用植物显微研究发扬光大，并一如既往地指导我、支持我。

在几位先生的指导与鼓励下，我一直坚持对药用植物组织结构的探索。赵中振教授发现树皮中有生长轮，受他的启发，我提出根类药材有没有生长轮？在国家自然科学基金青年基金项目的资助下，我发现芍药、丹参等植物根中也有明显的生长轮。通过它们的生长轮，可以判断采挖的药材（如芍药、丹参等）在土中默默生长了几年。正是基于对生长轮的深入探究，还发现原来通过生长轮中的秋材与春材推断出所观察材料的采收季节。岁月变迁，透过生长轮，我们仿佛穿越了时空，与植物进行对话。

当今时代，从事显微研究不仅难以发表论文，而且难以申请项目。但是，在先生们的熏陶下，我实在难以割舍从事显微研究的情结。其实，不仅是显微研究，我所热爱的药用植物、本草研究也是如此。这些都是先生们传承给我的武艺，也是我热爱的领域。如何继承，如何发扬，曾经有一段时间深深地困扰着我。

后来，我慢慢领悟到"岁岁年年花相似，年年岁岁人不同"。古代的本草学家也在观察植物，我们可以通过本草典籍，通过药用植物，与古代本草学家对话。因此，我们团队逐渐探索、构建药用植物"器官性状-组织结构-化学成分"的关系，并以此为桥梁，将古代本草学家的辨状论质与中药材质量评价联系起来，用今天的科学技术方法去诠释、领悟古代的本草学。

菖蒲"石涧所生坚小，一寸九节者上"，结合对石菖蒲与菖蒲的习性观察，发现石菖蒲生活于流水潺潺的溪边，只有部分时间浸于水下，根状茎内通气组织不发达，故而晒干后坚实，"一寸九节者上"；而菖蒲则常年浸泡于池塘里，根状茎中通气组织发达，晒干后虚软。

清《本草从新》记载前胡："内有硬者，名雄前胡，须拣去勿用。"前胡为一次性开花植物，抽薹后的前胡根开始木质化，产地习称"雄前胡""公前胡"。前胡为多年生一次性开花植物，通过对开花前后前胡根的组织结构比较观察，发现抽薹后的前胡根次生木质部严重木质化，质地因此变硬，药用品质下降，即本草中所记载的"雄前胡"；未抽薹的前胡根未发生木质化，质地柔软，品质优良。

唐《何首乌传》记载："此药形大如拳，连珠，其中有形鸟兽山岳之状。""有形鸟兽山岳之状"，即现今中药鉴定学描述的何首乌断面特征——云锦状花纹。明《药品化义》记载何首乌："生山岛间，体润而嫩大者佳……若平阳泥土，老硬多筋，服之塞血，令人麻木，不可用。"对不同产地的何首乌块根断面观察表明，确有"体润嫩大""老硬多筋"不同类型。

我们常说的"金井玉栏"，古代本草学家已有阐述与界定。《本经疏证》记载："黄芪根茎皆旁无歧互，独上独下，其根中央黄，次层白，外层褐，显然三层，界画分明。"《本草从新》则进一步凝练出："外白中黄，金井玉栏。"

结合组织化学，你可能更容易理解，柴胡的根中富含皂苷类化合物，而叶中则富含黄酮类化合物；前胡的香豆素类化合物则主要积累在分泌道的上皮细胞中……通过组织结构，构建"药材性状-组织结构-组织化学"之间的桥梁，让我们去更深入地理解　"蚯蚓头""金井玉栏""析霜"等一个个传统经验鉴别的术语，让我们与古代本草学家进行更加深入的交流碰撞。

我们的研究获得国家自然科学基金项目和国家重点研发计划课题的持续资助，让我们团队逐渐坚定信心。当我们透过显微镜，发现植物之美、本草之美的时候，我们会情不自禁地感谢植物对人类的馈赠，感谢先人给我们留下宝贵的本草史料。我尤其要感谢先生们对我的关爱与指导，让我走入药用植物组织结构的殿堂；我还要感谢我的团队，"一个人可能走得快，但是一群人可以走得更远"。

近年来，我们把所积累的显微图片进行归纳整理，选出一些代表性的图片，出版《药用植物显微图鉴》，旨在抛砖引玉，供同行参考，不妥之处敬请批评指正。如果书中所展现药用植物结构之美，能打动您的心，激发您对药用植物的热爱之情，则善莫大焉。

彭华胜

2022年1月